謀局者

企業操盤手的全局觀與策略突破

蔡余杰 著

BUSINESS TRADER

建立雙贏的合作關係！
從全局到細節全面取勝，打造競爭優勢

七項修練，打造無懈可擊的操盤手
以策略思維布局未來，實現長久競爭力

整合優勢資源，創造巨大效益
破解信任與合作難題
掌握成功關鍵，提升管理效能

目 錄

前言

操盤力篇：如何在組織中成就卓越

- 第 1 章　什麼是企業操盤手 ………………………………………… 010
- 第 2 章　企業操盤手與老闆的雙贏之道 …………………………… 033
- 第 3 章　優秀操盤手的 7 項基本修練 ……………………………… 062
- 第 4 章　初來乍到，困頓之局，精彩開局 ………………………… 089

策略布局篇：策略是操盤手的頭等大事

- 第 5 章　高明的棋手，落子之前，已謀劃大局 …………………… 108
- 第 6 章　發展才是本質 —— 發展策略 ……………………………… 134
- 第 7 章　巧妙借力贏天下 —— 資源整合策略 ……………………… 168

頂層設計篇：站在頂層才能掌控大局

- 第 8 章　商業模式，企業生死存亡、興衰成敗的大事 ………… 194
- 第 9 章　基因重塑，打造有溫度的企業文化 ……………………… 218
- 第 10 章　搭框架 —— 打造堅固的組織結構 ……………………… 243

目錄

前言

從2006年開始，我一直在做企業操盤手，近十年的企業操盤手實戰經驗，讓我被同行及業界譽為「商業實戰鬼才」、「資源整合怪傑」、「企業實戰營運系統奠基者」。如今，當我回過頭來看自己這十餘年的操盤經歷，感慨良多。感嘆之餘，有一個問題一直困擾著我，那就是操盤理念與企業現實的差距。

在操盤企業的過程中，我自己也深有體會。2006年，我開始做一名企業操盤手，為企業謀局布陣。為此，我翻閱了很多關於策略、頂層設計之類的書籍，但等到自己真正地運用時，卻發現書上說的理論是一回事，而在現實中卻往往是另外一回事。白話地說，企業現實問題不能用策略、頂層設計、商業模式等理論來簡單地套用，很多操盤理論在實踐中並不能得到驗證。於是，我開始思考：是不是需要有一本書有別於操盤理論，讓企業操盤手能真正運用在企業中？

於是，我開始注意管理界比較親民、務實的老師是如何界定企業的問題以及如何解決問題。我記住他們的每一個重點，並研究他們的思考模式。同時，我也非常關注一些成功的企業操盤手是如何操盤企業，如何為企業謀局？觀察多了，我不禁開始思考：操盤企業的理論與實踐的差距在哪裡？由此，我累積了一些「真正解決問題」的操盤心得。就這樣，我走進了企業操盤手的大門，開始體驗到謀局的樂趣。

隨著操盤實踐的增加，我碰到一些謀局過程中經常出現的問題，自己也開始學著解決問題。幾年下來，頗有心得，這就是本書的起源。從去年開始，我著手撰寫此書，筆及之處，斟酌許久。我認為我寫的這本

前言

書屬於深度觀察。本書確實來自於自己在操盤實踐的觀察和思考，它的視角是現實的、可觀察、可操作的。我在書中說的都是企業操盤手面對的現實問題，而非理論上的遐想。

管理大師彼得‧杜拉克（Peter Ferdinand Drucker）曾經說過：「每隔一段時間，就會發生一次激烈的改革。短短數十年裡，整個社會——世界視野、基本價值觀、社會和政治的結構、藝術、主要的風格習慣——都發生了變化。我們正處於這樣的時代。」我想，企業操盤手也是時候需要來一次智慧的改革了。

在本書中，我深刻地剖析了企業操盤手所需要具備的個人素養、能力和操盤金律，為企業操盤手提供了最具代表性、最具說服力、最有實戰性的謀局策略，結合深刻的哲理和確實可行的操作方法於一體。企業操盤手可以在暢快淋漓地飽覽其他成功企業發展經典案例的同時，學會讓自己的企業精於競爭的提升之道，掌握令企業在激烈競爭中生存的布局能力。

善於比較的人，能從本書中看到自己與卓越企業操盤手的差距，以及自己的企業與優秀企業的差距；善於思考的人，能從本書中找到自己企業的策略、商業模式有何不足之處，建構出適合企業的策略、商業模式；善於學習的人，能從本書中學習成功操盤企業的法則和關於失敗徵兆的理解。

從某種意義上來說，這並不是一本經營企業的專業書籍，而是一本記載著諸多優秀企業操盤手與偉大企業在經營實踐中濃縮而成的謀局精華和經驗錦囊手冊。身為企業操盤手，你可以不複製他們的經驗，但是你必須要學習和研究他們的成功之處。

在本書中，我從企業操盤手自身操盤力的修練入手，著重探討企業

操盤手與老闆的雙贏之道，以及操盤力的自我修練，如何成功破局，進而幫助企業操盤手打通謀局邏輯的「任督二脈」。接下來，我從策略布局和頂層設計兩個大方向進行闡述，讓企業操盤手跳出企業經營教化思想的束縛，從而更妥善地操盤企業，建構適合自家企業的策略、商業模式和企業文化，進而幫助企業操盤手打造夢想中最偉大的商業帝國。

操盤力、策略規劃、頂層設計，這是企業操盤手謀局時常涉及的三大核心。掌握了這三大核心，也就等於擁有了披荊斬棘的武器。身為企業操盤手，我們也許有過因為操盤力缺失、策略失誤、頂層設計不穩而謀局失誤，為了避免類似的錯誤再次發生，我們必須用這三大核心來武裝自己。

我曾經在一本書上看到一個有意思的哲學故事：一位殺手因為忘記帶劍，而被敵方抓住了。對方對他說：「我本來打不過你，但你沒有劍，現在只能被我殺掉了。」在臨死前的最後一秒，這位殺手非常後悔：「為什麼自己忘了帶劍？」

從中衍生一下，操盤力、策略規劃、頂層設計就相當於企業操盤手手中的「劍」，如果沒有這把「劍」，你所操盤的企業遲早會被競爭對手超越。

所以，我想對你說：請閱讀這本書，如此一來，「劍」就會永遠在你手中。

前言

操盤力篇：
如何在組織中成就卓越

操盤力篇：如何在組織中成就卓越

第 1 章　什麼是企業操盤手

會開車的人都知道，車輛在使用一段時間之後，為了讓駕駛方向準確無誤，通常我們會到汽車經銷商進行四輪定位。進行四輪定位的好處在於讓車子不自動偏行、減少油料耗損。

同樣地，企業操盤手的首要問題，就是了解什麼是企業操盤手，在企業中的哪些人可以稱得上「企業操盤手」。只有定位自己的角色，明白自己在企業經營中的操盤職責，應該做些什麼事，如何發揮自己「企業操盤手」的作用，才能真正做好企業操盤手。

如果角色定位不準確或不清晰，就容易造成角色錯位、越位或角色不到位、角色迷失現象。所以，企業操盤手首先要做的就是清楚定位自己的角色，才能保證自己操盤企業不偏不倚。

本章，我首先從整體角度對企業操盤手進行概觀討論，告訴大家如何定位操盤手的角色，明白自己的操盤職責。

了解企業操盤手

企業操盤手就是為企業定策略、設計頂層概念的人。

四大名著之一《三國演義》，講述了許多傳奇故事，有智勇雙全的諸葛亮，有關羽、趙子龍這樣的忠誠之士，有劉、關、張桃園三結義的佳話，也有劉備白帝城託孤的悲愴。而我今天要說的，是其中的一段傳奇──三顧茅廬。

東漢末年，天下大亂，曹操掌握朝綱，孫權擁兵東吳，天下割據。

漢室宗親劉備從司馬徽處得知有位能人名叫諸葛亮，很有學識，又有才幹，就和關羽、張飛一起帶著禮物去隆中拜訪，想請諸葛亮出山輔佐他匡復漢室。但是很不巧，這一天諸葛亮不在家，劉備失望而歸。

過了幾天，劉備和關羽、張飛冒著大雪第二次來到諸葛亮的草廬，沒想到諸葛亮又外出了。張飛原本就不想來，發現諸葛亮不在家，就催著要離開。劉備留下一封手寫書信，表達了自己對先生的敬佩，又闡明了自己想請先生出山，挽救天下危局。

又過了一段時間，劉備決定再去請一次諸葛亮。這時，關羽對劉備說：「也許這位諸葛亮只是徒有虛名罷了，未必有真本事，我們還是別去了吧。」張飛卻說：「大哥，要不然我一個人去，如果他不來，我就用繩子把他捆回來。」劉備責備張飛莽撞，又帶著關羽、張飛，第三次來到草廬。這一次，諸葛亮正在睡覺，劉備不敢打擾，一直站著等到諸葛亮睡醒，雙方才坐下促膝長談。諸葛亮見到劉備有志替國家做事，而且誠懇地請他幫助，就出來全力幫助劉備建立蜀漢皇朝。

想必大家一定會好奇，為何我以這樣一個故事做開頭。其實，我的目的很簡單，簡明扼要地告訴大家：什麼是企業操盤手？像諸葛亮這樣的謀局者，就是！

雖然「企業操盤手」並不是我們常用的一個名詞。最初人們使用這個詞的時候，主要指的是企業的高階管理人員。後來，隨著對企業操盤手的深入理解，人們對其價值有了極大的認同，「企業操盤手」這個詞便在業界開始流行起來。在這種情形下，我想我有必要正本清源。

眾所周知，企業是有目標的集體。企業為整體目標負責，企業內部各個集體為各自的分目標負責。比如，董事會要為企業成敗負責，業務部要為銷售業績負責，專案組要為專案成敗負責……這一切無可厚非。

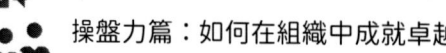
操盤力篇:如何在組織中成就卓越

然而,只要存在集體目標,就必然會產生一些問題:

※ 企業的策略定位誰來設定呢?

※ 企業的發展策略、競爭策略、資源整合策略等等,是企業運作下去的核心,誰來制定呢?

※ 企業的頂層設計,包括商業模式、組織結構設定、企業文化塑造等,誰來搭建呢?

顯而易見,這些工作是實現集體目標不可或缺的工作。這些工作由誰來做?相應責任由誰來承擔?

答案是企業操盤手。所以,企業操盤手就是為企業定策略、設計頂層的人。那麼,在企業裡有哪些人是需要為企業定策略、設計頂層呢?通常情況下,在企業裡,有以下三類人稱得上是企業操盤手:

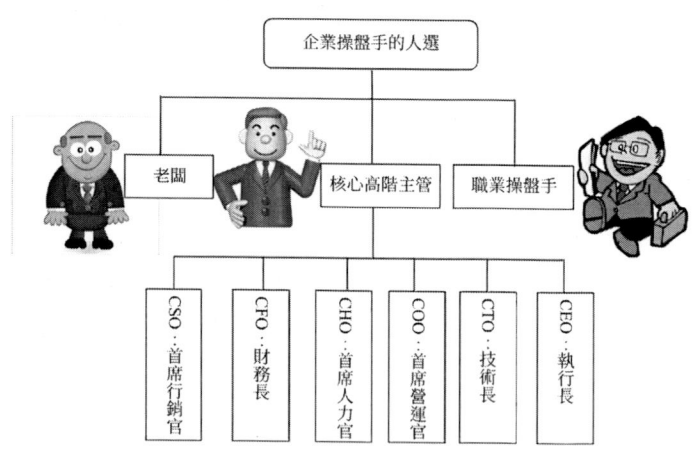

圖 1-1 企業操盤手的人選

企業操盤手的操盤職責。

知道了哪些人是企業操盤手,接下來,將概述這三類人的操盤職責,希望能有助於進一步了解企業操盤手。

012

◆ 老闆

先來說說老闆。老闆作為企業的第一把手，企業的整體運作都要參與，所以老闆是企業操盤手第一類人選。老闆的主要操盤職責展現在兩方面：一是策略；二是戰術。

所謂策略，就是一種計謀，但對於老闆操盤企業來說，這種計謀屬於大計謀，是對整體性、長期性、基本性問題的計謀；所謂戰術，是和策略相輔相成的兩個概念，誰都離不開誰。《孫子兵法》和《三十六計》談論的都是計謀。計謀有大有小，大的計謀是策略，小的計謀是戰術。

比如，劉備三顧茅廬會見諸葛亮，諸葛亮對劉備提出的計謀是策略，而「空城計」、「草船借箭」、「火燒連營」等計謀則是戰術。

具體而言，老闆的策略和戰術有以下三個區別：

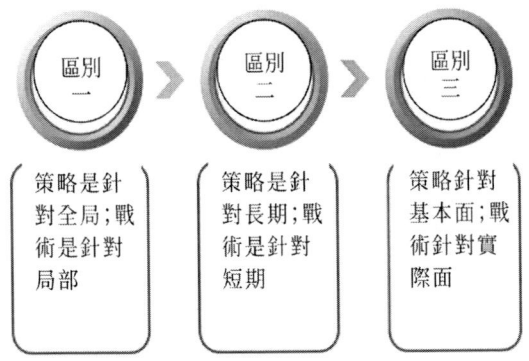

圖 1-2 策略和戰術的三大區別

了解了什麼是策略和戰術，便能清楚老闆作為企業操盤手的主要職責。身為老闆，就是要既懂策略又懂戰術，既要做策略家，又要做戰術家，否則就不可能成為一位優秀的老闆，也不可能是一名合格的企業操盤手。

 操盤力篇：如何在組織中成就卓越

◆ 核心高階主管

通常情況下，企業的核心高階管理人員由六位組成——執行長（CEO）、財務長（CFO）、首席人力官（CHO）、首席營運官（COO）、技術長（CTO）、首席行銷官（CSO）。這些人都能稱為企業操盤手。

執行長的操盤職責。執行長的主要操盤職責是負責企業策略規劃、執行。具體來說，執行長的操盤職責有以下三點：

1. 負責制定企業策略規劃和策略目標，並組織一支管理隊伍來帶領公司向既定的策略目標前進。
2. 負責其他五名核心高階管理人員和重要人才的培養，建立企業的核心團隊。打造企業的管理系統，讓企業能夠留住人才。
3. 負責策略市場和策略產品的經營，制定企業的發展策略、競爭策略、商業模式等，為企業盈利謀局。

財務長的操盤職責。財務長的主要操盤職責是負責企業錢、稅、帳等財務安全與利益平衡的管理。具體來說，有以下三點：

1. 負責制定企業的財務策略，為公司的其他策略提供支持；
2. 負責制定企業的股權獎勵方案、合夥人、投資、融資等策略；
3. 負責控制企業的成本，確保企業的財產安全。

首席人力官的操盤職責。首席人力官的主要操盤職責是負責人力資源的所有工作。具體來說，有以下兩點：

1. 從策略的高度建構企業的人力資源管理系統，建立科學的考核、獎勵機制，建立優秀團隊，塑造卓越的企業文化，推動組織改革與創新，確保組織的持續發展。
2. 負責制定企業的人才策略規劃，制定企業的各項規章制度等。

首席營運官的操盤職責。首席營運官的主要操盤職責是負責企業內部正常運作的管理。具體來說，有以下兩點：

1. 負責企業的市場運作和管理，參與企業的整體策略規劃，健全企業各項規章制度；
2. 建立資料管理系統，支援企業財務、人力等策略的執行。

技術長的操盤職責。技術長的主要操盤職責是負責企業產品策略規劃、研發策略與標準化建設。具體來說，有以下兩點：

1. 負責制定企業的產品競爭策略和研發策略，並謀劃重大技術決策和技術方案；
2. 參與制定企業的商業模式，與使用者進行技術交流，制定核心技術人才策略。

首席行銷官的操盤職責。首席行銷官的主要操盤職責是負責企業行銷策略規劃與目標實施達成。具體來說，有以下兩點：

1. 負責制定企業的銷售策略，並謀劃整體行銷計畫；
2. 負責組建高效的行銷團隊，控制行銷成本，促進行銷利潤最大化。

◆ 職業操盤手

所謂職業操盤手，就是老闆聘請來專門為企業謀局、布陣的人。這個人既不是核心管理人員也不是經理人，簡單來說，他就是憑謀局吃飯的人。職業操盤手將「為企業謀局」作為長期職業選擇，遵守職業道德和操守。因此，職業操盤手的操盤職責，首先應該從「職業」二字開始。

既然是職業，就有職業的標準、規則和要求。具體來說，職業操盤手應該具備以下 5 個特質：

1. 清晰的職業目標 —— 以為企業謀局作為職業目標；

 操盤力篇：如何在組織中成就卓越

2. 良好的職業資質 —— 具有良好的企業策略、頂層設計等方面的職業教育背景或從事企業操盤的職業經歷。
3. 基本的職業素養 —— 具備企業操盤手的職業素養、能力、心態等。
4. 出色的職業能力 —— 具備策略規劃、商業模式設計、組織架構建立、股權獎勵設計、企業文化塑造等方面的操盤能力。
5. 優秀職業表現 —— 操盤過的企業對其評價良好。

其實，關於職業企業操盤手的定義和職責，業界至今仍然爭論不休，現在和將來也未必能有一個各方都認可的統一標準和完美答案。以上也是透過我近十年操盤企業的經歷總結出來的，因為，我就是一名職業企業操盤手。

企業操盤手的角色之一：所有的老闆都是企業操盤手

所有的老闆都是企業操盤手，這一點，毋庸置疑。

關於馬雲，網上有很多關於他的說法，有人說他是個狂人，有人說他是個夢想家，有人說他是個智者……各種說法，褒貶不一。而我，今天要賦予他一個全新的說法 —— 企業操盤手，一個卓越的企業操盤手。因為他是一位善於謀局的老闆，像棋手一樣精心對待自己走出的每一招，他在籌劃自己的每一次重大決策之前，都是虛實結合，正反交錯，以變應變，步步為營，營造出有利於自己的商業競爭態勢。

縱觀馬雲的創業史，從創業初期的「十八羅漢」，到現在的阿里巴巴、支付寶、淘寶、雅虎、口碑網、阿里軟體等等，其中每一個都是一部宏大壯舉。可以毫不誇張地說，在 B2B、B2C、C2C 領域，馬雲幾乎占據了整個中國江山。

我們先來看看創業初期的馬雲，當時的他作為老闆，開始做中國黃

頁。從這一點，我們可以看出，馬雲具有前瞻性的操盤邏輯。當時的中國還沒有進入網際網路時代，而馬雲卻堅定地瞄準了網際網路的商機。雖然馬雲在做黃頁時遭受失敗，因而果斷地選擇放棄。從這一點看來，馬雲絕對稱得上是有堅定夢想的人，為了自己的夢想不放棄。

從這時起馬雲開始正式建立阿里巴巴，他將之前的 18 個人召集在一起，說了三個選擇：「第一，選擇去雅虎，我幫你們推薦；第二，去新浪搜狐，我推薦；第三，跟著我，什麼都沒有。」結果這 18 個人無一例外地全部選擇跟著馬雲。從這三個選擇中，我們不難看出，馬雲是一個有魄力的領導者。一位領導者的魄力，決定了一個企業的遠見。馬雲作為老闆，自始至終都非常看重自己的團隊，讓他的團隊凝聚力很強，對企業的發展至關重要。

至此我們可以看到，馬雲的阿里巴巴，首先已經擁有了一名有魄力、有前瞻性操盤邏輯的領導者；其次擁有了一支忠誠、凝聚力強的團隊。接下來，馬雲開始正式為阿里巴巴布局。此時，歐美市場的商業模式在中國尚未成形，例如 eBay 的 C2C、亞馬遜的 B2C 模式等電子商務典型。而馬雲卻把阿里巴巴的商業模式制定為「為中國中小型企業定身打造的 B2B 模式。」

正是由於馬雲的 B2B 模式，使得阿里巴巴迅速崛起，獲得孫正義的融資，讓阿里巴巴的市值迅速上升。接下來，馬雲開始為阿里巴巴設定願景，一句「讓天下沒有難做的生意」由此傳遍全世界，而阿里巴巴也開始成為世界關注的企業。

縱觀馬雲的奮鬥歷程，關於他的謀局手段，即便用這一整本書也說不盡。而他所的一切，都是企業操盤手應該去做也必須去做的。所以，我說馬雲是卓越的企業操盤手。這一點，毋庸置疑。

 操盤力篇：如何在組織中成就卓越

馬雲謀局的成功之處，在於他審時度勢、運籌帷幄。善於謀算者，總能先得天下，不善於謀算者，一定是輸家。馬雲曾經在一次演講裡吐露真經：「作為老闆，要善於謀局，用策略家的眼光來分析和思考問題，並把握時機。所以，身為老闆的定位就是『謀局者』。」

不管是馬雲謀劃阿里巴巴的過程，還是馬雲對老闆的定位，我們都可以清晰地得出企業操盤手的角色──老闆。

其實不管是馬雲，還是正在發展中的中小企業的老闆，在企業的運作過程中，老闆擔任的都是企業操盤手的角色。作為老闆，是企業的頂層設計師，是企業發展的總謀劃師，因此，從某種意義上來說，所有的老闆都是企業操盤手。

老闆需要從「見、識、謀、斷、行這五個方面培養自己的操盤力，才能帶領企業不斷走向成功。

老闆的操盤行為決定著企業的成敗。老闆的操盤行為，是一個不斷發現問題、解決問題的過程，是「知」與「行」的過程。宋代的大理學家朱熹強調「先知後行」，而明代的王陽明則強調「知行合一」。在問題解決過程中，從邏輯上而言，應該是先知後行，知後能行，最後在行動上要達到「知行合一」。對所有企業經營問題，只有「知」才能「行」，如果不知那麼絕對行不了，即使「行」了，也是毫無章法、不顧後果地做，那麼貽害也將成倍地放大。

朱熹提出「博學之，審問之，謹思之，明辨之，篤行之」的「為學之序」。朱熹的為學之序也是老闆問題解決的基本程序。交通大學著名的決策學教授毛治國先生把決策分為見、謀、識、斷的過程，這四部分其實就是「知」的完整過程，再加上「行」，就是老闆解決問題的完整過程。也就是說，老闆操盤企業應從「見、識、謀、斷、行」這五方面進行操盤力的提升。

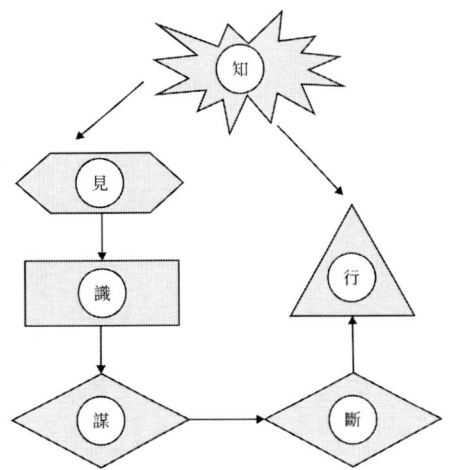

圖1-4 知行合一的老闆操盤力模式

◆ 見：懂得不斷去「見」到問題

所謂的「見」，是要求老闆一方面具備操盤企業專業領域的知識，另一方面要樹立強烈的問題意識，要有危機感。在強烈的問題意識下，替自己定下高遠目標的同時，懂得不斷去「見」到問題，也就是發現問題。發現問題就是尋找差異。老闆要懂得透過尋找與原定目標的差異、與正常水準的差異、與先進水準的差異、與競爭對手的差異、與變化趨勢的差異等等，幫助自己發現企業經營過程中的各種問題。

具有強烈問題意識要求的老闆，一方面要站在未來的角度來觀察、思考當前狀態，另一方面也要隨時關注日常工作中的蛛絲馬跡變化，以幫助思考、發現企業問題。「走動式管理」十分重要。走動式管理是老闆透過定期或不定期地至企業各個現場，例如生產工廠、各部門辦公室、市場經銷商所在等，透過觀察生產工廠現場的機器運轉、工人操作以及與部門員工的親切互動等來獲得第一手資訊，從中發現經營管理中的問題。

 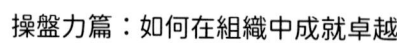

親臨現場調查是老闆發現問題的第一原則，只有親臨現場，才能得到第一手的消息，真正把握事情的真相。成功的老闆都是現場調查的最大實踐者和擁護者。

◆ 識：掌握大局，把握關鍵

所謂的「識」，要求老闆懂得辨識企業的真正問題所在，要掌握大局，把握關鍵。老闆要懂得趨勢思考、整體性思考和關鍵思考，老闆的「識」是在正確思考的前提下為企業找到確定的方向和目標以及實施的路徑選擇。

著名的管理大師杜拉克指出管理者首先要「做正確的事」，然而才是「把事做正確」。對於擁有自行定義問題權責的決策者，在他自己進行（或要求部屬進行）任何判斷之前，都應該先做上述檢驗。唯有這樣，才能確認自己的決策是「為所當為」；也唯有確認為所當為之後，後續的決策工作才有意義，避免企業發生「將相有誤，累死三軍」的資源浪費。有的老闆因為缺乏系統性思考，在「識」的方面做得不充分，導致後續階段反覆不定，變得易變和多變，使部屬無所適從，除了浪費資源外，還把工作甚至整體企業搞得一團糟。

◆ 謀：為問題找對策

所謂的「謀」，從決策角度而言是為了決策問題研究、擬訂各種可能的備選方案。「謀」主要進行以下兩項工作：

由於「謀」是在為問題找對策，所以對策與問題之間必須具有因果關係 —— 也就是「對策」必須具有「解決問題」的效力。

要做好這兩項工作，老闆必須具備相應的專業領域知識。要確認對策與問題之間是否具有因果關係，老闆必須能夠預測當對策付諸實施之

後，相關的運作究竟會發生什麼變化，包括變化的方向以及變化的幅度等。唯有老闆對備選方案的後果做出專業的預測與判斷，才能在後續「斷」的階段，針對各個備選方案進行優劣評估。

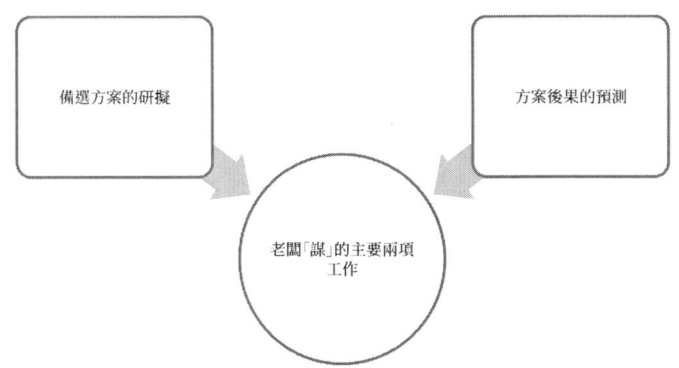

圖1-5 老闆「謀」的主要兩項工作

「謀」的階段講究創意，創意通常來自老闆對系統變化的深刻洞察。重大決策的「謀」也講究對問題情境的全面預演，也就是充分預測到決策後可能發生的變化。這就好比下棋，棋手不能只考慮當下的一步，他還必須預想接下來可能的發展，甚至往往有一套通盤的棋譜。

◆ 斷：有謀即有斷

有選擇，才需要決策，這種抉擇行為就是我們所稱的「斷」。也就是說，「斷」是在備選方案中選出解決問題的最佳對策。有謀即有斷，謀與斷就像一對兄弟。

所謂的「斷」是指，當問題解決方案提出後，面對未來的不確定性，老闆決定採取哪一種對策方案的膽識。

◆ 行：展現老闆的人格魅力

所謂的「行」，對老闆來說，是一種「韌性」，也就是在確定了方向、

操盤力篇：如何在組織中成就卓越

方法後，執行落實的堅持力。這種不達目的不罷休的毅力，能夠克服自己情緒衝動的忍耐力和克制力，遇到困難和挫折的沉著冷靜，以及獲得階段性成功後的不驕不躁。韌性是老闆操盤企業成功的保障，它展現了老闆的人格魅力。

整體而言，「見、識、謀、斷、行」這五種老闆操盤力，「謀與斷」是一種「把事情做好」的技術層次工作；要真正確保謀、斷工夫不會白做，必須進一步做好上游作業，也就是「做正確的事」這一原則層次的工作，也就是「見」與「識」。作為老闆，尤其需要不斷地對自己提出各式各樣的問題，以推動公司的管理進步與經營發展。此時，老闆運用到的就不再只是「謀與斷」，而首先要讓「見」、「識」居於主導地位

老闆需要從這五個方面培養自己的操盤力，才能帶領企業不斷走向成功。

企業操盤手的角色之二：臺前老闆

企業操盤手處於「一人之下、萬人之上」的位置。

去年，在一次管理盛宴上，一位企業操盤手分享了以下故事。某企業好不容易從大公司高薪「挖」來一位財務高階主管，卻上了三天班就走了。老闆覺得非常奇怪，就託人向這位財務高階主管打聽原因。原來，上班的第二天，企業操盤手與這位財務高階主管聊天，「你怎麼到我們公司來了？我們公司今年的利潤不好，發展前途也堪憂。」結果這個新來的財務高階主管一聽說企業發展不好，第三天就不來了。

這個企業操盤手把自己錯位成了「企業普通管理者」。公司發展不好，任何人都會抱怨。但作為企業操盤人，我們是絕對不能在部屬面前抱怨的。作為老闆的「替身」，我們應該明白自己有責任穩住軍心。我們

對企業的抱怨，可以直接和老闆談。而和部屬談，就是把自己錯位成普通主管，這就是典型的角色錯位。

企業操盤手雖然不是真正的老闆，但是，在許多人看來，操盤手就是老闆。是操盤手在臺前衝鋒謀略，為公司的發展前景布局，引領著整個企業大步登上新的舞臺。我可以直言不諱地說，企業操盤手處於「一人之下、萬人之上」的位置。大部分情況下，企業操盤手的計策左右著老闆的決定。

企業操盤手作為臺前老闆，需完成的四大角色變化。

作為老闆的企業操盤手，在角色上至少應該完成以下四大變化：

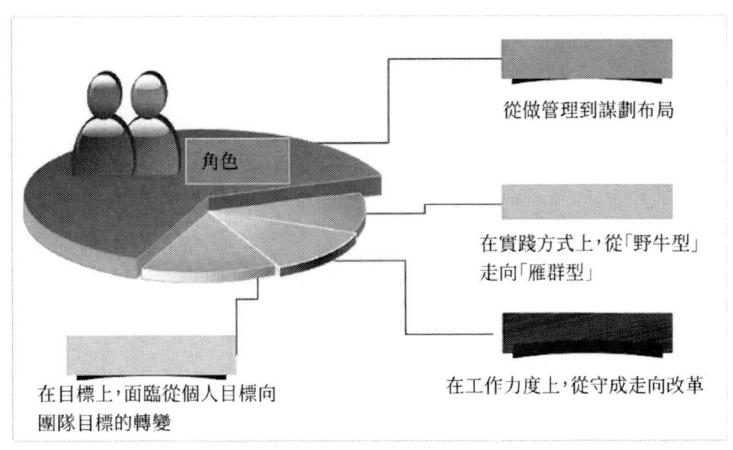

圖 1-6 從老闆到操盤手的變化

◆ 從做管理到謀劃布局

在企業裡，很多業務問題是企業操盤手所必須解決的，同時，企業操盤手還必須面對眾多管理問題，因此，我經常看到許多操盤手陷入謀劃與管理的兩難境地。

我之前遇到過一位操盤手，他操盤的企業以外包跨國公司的業務為

操盤力篇：如何在組織中成就卓越

主，公司效益還不錯。我跟這位操盤手交流之後，發現很大的問題。每當有業務，他先把大家召集起來開會，制定業務策略，緊接著就一頭栽進工作裡，連續加班好幾天。有時候部屬找他彙報工作進度，或者工作中遇到了問題，他也沒有精力處理。在他看來，只要自己加班，完成布局，這些問題自然就不存在了，部屬們的問題也能迎刃而解。

如果我們也遇到了類似情況應該怎麼辦？是自己先完成布局再說，還是以解決問題為先？我的答案是：先謀劃好企業的策略，完成布局。

如果我們擔心的是核心高階主管的忠誠度，怕他們自立門戶，我們首先可以為企業設定完善的組織架構和股權獎勵制度。俗話說「萬事以大局為重」，當我們為了「謀劃布局」或「管理」為難，不知道該選擇哪一方的時候，請務必把謀劃布局放在第一位。也就是說，謀好局、布好陣，為之後工作奠定良好的基礎，為企業的發展解決後顧之憂。謀劃好了局勢，也是替部屬員工提供更好的發展平臺，員工有了表現的機會，能在自己的領域施展拳腳，還會「背信棄義」嗎？

◆ 在實踐方式上，從「野牛型」走向「雁群型」

在現實中，我經常看到許多操盤手不喜歡別人挑戰自己的權威，這是一個非常危險的狀態。一個「野牛型」的操盤手會把企業漸漸帶向衰落，甚至是死亡。何為「野牛型」？野牛群有一個首領，首領往哪兒跑，牛群就往哪兒跑，首領原地不動，牛群也原地不動。

操盤手應該積極領導眾人，讓大家集思廣益，腦力激盪，討論出更多精彩的想法。如果我們過去曾是「野牛型」操盤手的話，就應該儘快轉換為「雁群型」操盤手。什麼是「雁群型」操盤手呢？「雁群型」操盤手就像大雁一樣，由於大雁在飛行的過程中，領頭雁遭受的空氣阻力最大，體力消耗最快，假如一直飛，飛不了多久就會掉下來。因此，雁群是交

替領飛，發揮集體的力量，才能飛得遠。作為企業操盤手，關鍵不是自己多麼高明、絕對正確，而是在於發揮團隊的作用。

◆ 在工作力度上，從守成走向改革

到底是墨守成規，還是實踐創新？企業操盤手們經常徘徊在這兩個問題之中無法抉擇。

我的答案是，一定要創新。創新是什麼？創新就是在變幻莫測的市場環境中，不斷適應日新月異的產品競爭，不斷更新售後服務，不斷學習，不斷前進。墨守成規是無法提高企業競爭力的。在這個資訊化的市場環境裡，不創新、不進步就意味著被淘汰。

◆ 在目標上，面臨從個人目標向團隊目標的轉變

作為企業操盤手，我們要帶領整個企業向前走。我們的目標應該由關注自己轉變成關注團隊，我們常常思考的不是個人目標怎麼實現，而是企業目標如何達成，這對於我們來說是個莫大的轉變，也是龐大的挑戰。當我們是獨自一人的時候，成功也好，失敗也罷，都是自己承擔，不會波及旁人。但是，當我們操盤一家企業時，肩上的擔子就沉重多了。我們要顧及企業裡每個人的感受，根據每個人的專長，最大程度地激發他們的潛能，另外，還要提升團隊的凝聚力，讓大家對集體的目標有認同感，讓大家心甘情願並愉快地完成工作。

企業操盤手的角色之三：企業的軍師

企業操盤手的五大核心能力：謀局、布局、做局、控局、破局。

拉姆・查蘭（Ram Charan），這個名字對於大多數人來說，可能比較陌生。但他卻是全世界企業都想要擁有的「軍師」，被老闆稱為「終極智

操盤力篇：如何在組織中成就卓越

囊」。在過去的 50 年裡，拉姆‧查蘭曾操盤過數 10 家世界 500 強企業，比如奇異、福特汽車、英特爾、花旗集團、杜邦公司等等。

為什麼企業會有「軍師」，拉姆‧查蘭又是如何定位自己的「軍師」角色，我們一起來看看他傳奇的人生之旅。

拉姆‧查蘭最初是在雪梨的一間小公司擔任基層職員，工作之餘，他開始研究公司的財務報表，發現該公司正在借錢支付股息，以他敏銳的策略意識，認為這樣的做法是錯的，於是他向老闆說出了自己的想法，並得到了老闆的認可，進而為公司避免了債務風險。於是，他的軍師生涯自此開始。

後來，他成為通用電器的軍師，並連續為奇異公司服務了 46 年。他是傑克‧威爾許（Jack Welch）最推崇的軍師，傑克‧威爾許曾這樣評價拉姆‧查蘭：「他有一種罕見的能力，能夠從無意義的事情當中找出意義，並且以平靜又有效的方式傳遞給他人。」

拉姆‧查蘭的謀略智慧，展現在他的洞察力和尋找成功因子的能力上。他總是能將企業複雜的商業問題化繁為簡，研擬出適合企業的一套成功方案，造就了通用、福特、花旗、杜邦等公司如今的輝煌。時至今日，還有企業仍然沿用他當時所研擬出的成功方案。

如今，拉姆‧查蘭已經 79 歲高齡，馬上將邁入耄耋之年。閒不住的他，依然奔波於世界各地的企業，似乎沒有停下來的意思。

軍師，從古至今，都是智慧的化身。三國時期，諸葛亮羽扇綸巾，談笑間，赤壁狼煙，三分天下，漢室崛起。歷史上許多金戈鐵馬的戰場，都離不開軍師的謀劃布局，許多成功君王的背後，都離不開軍師的輔佐指點。沒有他們的出謀策劃、運籌帷幄，就沒有將軍的掃蕩群雄，就沒有君王的一統江山，就沒有百姓的安居樂業。

跟君王打天下一樣，一個企業要想在世間立足並崛起，就需要一位幫助企業決勝千里的諸葛孔明，一位像拉姆·查蘭一樣讓企業快速發展的「終極智囊」，這個人就是企業的操盤手。所以，企業操盤手的第三個角色定位，就是企業的軍師。

符合企業軍師這個角色定位的，至少要擁有以下五大核心能力：

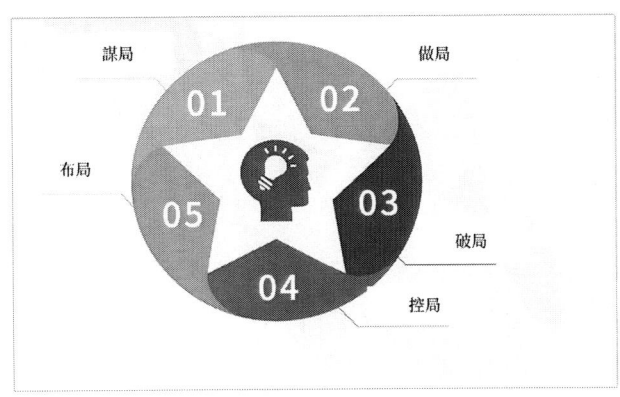

圖1-7 操盤手的五大核心能力

所謂謀局，就是在行動之前開始謀劃；所謂布局，是根據謀劃來設計陣勢；所謂做局，就是設計「圈套」，讓獵物鑽進來後就別想再出去；所謂破局，就是針對競爭對手的招數，制定攻破策略；所謂控局，就是調度對策，掌控大局。

企業操盤手要順勢而為，審時度勢。

雖然謀局、做局、破局、控局、布局是企業操盤手的核心能力，但並非每位企業操盤手都能輕易擁有。要擁有這五大核心能力，企業操盤手需要順勢而為，審時度勢。具體而言，包括以下四個方面：

一是識時：識時務者為俊傑

俗話說，識時務者為俊傑，自古以來能認清時勢潮流，並順勢而為

操盤力篇:如何在組織中成就卓越

的人,才能成為英雄豪傑,是做人的大智慧。企業操盤手必定是擁有大智慧的謀局者,要能看清事物發展的趨勢,總結過去的得失,妥善把握當前的方向,預測未來的發展趨勢。

孫中山先生曾說過:「世界潮流,浩浩蕩蕩,順之者昌,逆之者亡。」孫中山先生順應世界潮流,為推翻封建帝制,為中華民族崛起而革命,被尊稱為「國父」。而袁世凱卻逆潮流而動,妄圖復辟稱帝,這種倒行逆施的行為是注定失敗的。

越是領袖人物,就越是要認清局勢,冷靜判斷。一位企業操盤手,與一般管理者的區別不在能力、專業和勤奮,而是在於他的高度,能否把握形勢,順應潮流。

二是順勢:把握未來趨勢,順勢而為

重物從高處落下,能形成比它本身重量大得多的撞擊力,這是因為在重物下落的過程中產生了巨大的重力位能。一家企業能在行業內所向披靡,是因為它順應了行業發展趨勢,產生了巨大的位能。

企業操盤手要能把握未來趨勢,然後順勢而為。具體來說就是要制定企業策略,以長遠的目光預測行業發展趨勢,並順應趨勢為企業定下適合的發展策略。

三是用勢:謀局的最高境界是布「場」

企業操盤手的最高境界就是造一個「勢」,而謀局的最高境界是布一個「場」。比如阿里巴巴的馬雲,因為具有前瞻性的眼光,抓住電子商務的趨勢,成為電商行業的絕對領袖。在擁有了大量使用者後,又開始整合內容商,打造娛樂平臺。可以說每一步都走在行業的前端,這就是用勢所帶來的成功。

四是造勢：製造一個「能量場」，形成聚集效應。

有時候市場一片風平浪靜，沒有波瀾，這時企業操盤手要能造勢。造勢的作用在於烘托氣氛，製造一個「能量場」，形成聚集效應，然後企業就可以順勢而上。

在這方面，我個人認為做得最好的要數王老吉，雖然我並不知道王老吉的操盤手是誰，但我由衷的佩服他為企業打造「怕上火，喝王老吉」的「勢」。這個「勢」妥善地將「清火」和王老吉的形象緊密結合，在消費者腦中不斷加深印象，最後形成了強大的購買力。

總而言之，所謂的企業操盤手，不是亙古就有、遺世獨立的物種。應該說，目前正確評價企業操盤手的條件還不成熟，企業操盤手的操守和業績尚缺乏完備的評價、監督和任用系統，然而，這不能成為正在成長中的企業操盤手不歷練自己的藉口。相反地，我們應該按照卓越企業操盤手的標準來嚴格要求自己。

企業操盤手的職業化

職業的企業操盤手，要把專業追求當成自己人生的最終追求。

職業操盤手首先強調「職業」二字。職業操盤手與老闆、核心高階主管最大的區別在於：老闆、核心高階主管將操盤企業視為普遍能力，而職業操盤手則是將操盤企業當成一項事業、一個平臺。或者說，用一個具象的比喻，老闆、核心高階主管是「業餘選手」，職業企業操盤手則是「職業選手」。

什麼是「職業化」？簡而言之，就是固定的職業操守、職業行為以及職業習慣，「職業化」是一個優秀的企業操盤手必須具備的品質，在專

操盤力篇：如何在組織中成就卓越

業素養、行為習慣和職業技能方面，企業操盤手必須要滿足企業發展的需要。

「職業化」的意義在於，它是國際化的職場準則，是企業操盤手邁入行業要遵守的第一規則。並且，操盤手在處理與社會、老闆、企業、同事、顧客、合作夥伴、競爭對手等各方面的利益關係時，必須要以「職業化」為底線。一個操盤手想在操盤生涯中走的更遠，獲得更多成就，就必須要懂得這些「遊戲規則」。

因此，想成為一名優秀的企業操盤手，就要把追求「職業化」當成自己的畢生追求，不斷提升自己的價值，實現自己的價值。那麼問題來了，企業操盤手要如何實現「職業化」呢？操盤手們要在技能、學識、思想、觀點、態度、行為等各方面不斷提升自己，盡自己最大的力量，為企業謀劃布局。做到在對的時間、對的地點，做對的事，達到「隨心所欲而不踰矩」的職業境界。

職業企業操盤手的職業化修練。

職業企業操盤手，與所有的其他職業一樣，都會經歷一個職業化的成長過程。正因為企業操盤手的行為決定著企業的成敗，因此，企業操盤手的職業化顯得更為關鍵。我在研究各國一百多位成功與失敗的職業企業操盤手之後，發現企業操盤手要做好職業化的修練至少應該從以下四個方面著手：

◆自遠

企業操盤手要實現職業化的成長，首先要做到「自遠」，也就是說，企業操盤手要懂得為自己訂立高遠的目標。對於職業企業操盤手而言，沒有人會強迫他一定要達到什麼樣的發展高度，這全憑自己的信念。但是從企業競爭角度而言，如果我們操盤的企業沒有宏偉目標，每天總是

走一步、算一步,將注定成為落後者。因此企業操盤手必須不斷為自己提出更高目標,並帶領全體員工積極地朝更高目標努力,唯有如此,企業才會不斷進步。拿破崙曾說,「不想當元帥的兵不是好兵」,缺乏目標、不想發展的企業操盤手,亦稱不上是優秀的企業操盤手。

圖 1-8 企業操盤手職業化修練的四個方面

◆自省

　　企業操盤手要實現職業化修練還要做到「自省」,也就是主動地自我反省。無論企業規模是大是小,企業操盤手永遠都處於「一人之下、萬人之上」的金字塔頂端,是相對缺乏約束和批評的群體。企業操盤手若能像唐太宗一般願意聽諫,企業就會出現如同魏徵一般勇於進諫的員工。一般而言,員工較少主動向企業操盤手進諫,也因此更需要企業操盤手自我反省,反思自己在企業操盤中的得與失。微軟的比爾·蓋茲(Bill Gates)曾說,「微軟離破產永遠只有 18 天」,便是一種反省的精神。

◆自變

　　企業操盤手除了自省還不夠,還要能「自變」。也就是能夠不斷地打破自己的成功經驗,根據內、外部環境變化進行自我的改革,包括思考

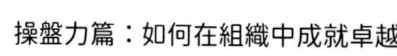

操盤力篇：如何在組織中成就卓越

的轉換與突破，以及行為的調整。自我改革的過程實際上也是自我否定的過程，這需要「化蛹成蝶」的自我蛻變勇氣。

做不到自我改革的企業操盤手，最終結果是走向沒落，無法完成企業操盤手職業化的進階修練。

◆自長

企業操盤手還要懂得自我成長，不斷自我學習和提升。凡是能夠自覺地進行自我學習的企業操盤手，通常能把自己的企業不斷地帶向更高的發展水準，而不善於學習、尤其是不願意學習的企業操盤手，則通常無法持續地帶領企業前進。

企業操盤手實現自我成長，一定要懂得「在工作中學習，在學習中工作」，唯有如此才會為企業帶來持久的思路泉源。

第 2 章　企業操盤手與老闆的雙贏之道

　　身為企業操盤手，都知道與老闆相處的重要性。在我看來，老闆與企業操盤手的關係和夫妻關係有異曲同工之處。剛開始在一起時，「卿卿我我」，看到的都是對方的優點，缺點和衝突都被忽略了。隨著時間的推移，當操盤手真正開始為企業謀劃布局時，各種狀況逐漸爆發。

　　這時，老闆與企業操盤手經常會因「責、權、利、能」等問題產生衝突，許多企業操盤手開始思考如何能與老闆達成雙贏？這時，操盤手就要懂得與老闆和諧共生的相處之道。

　　依據我自己近十餘年操盤企業時與老闆的相處經驗，本章將闡述企業操盤手如何選擇老闆和企業、如何贏得老闆的信任；同時說明為何企業需要企業操盤手、老闆要如何挑選企業操盤手。

老闆為什麼需要企業操盤手

　　聘請操盤手，就是為企業未來的發展謀劃布局，讓企業變得更好。

　　有一年，我去參加一個企業操盤手論壇。會議空檔，一位中小企業的老闆，他自己也是操盤手，找到我大吐苦水：「蔡老師，我現在感覺非常痛苦。我的公司本來經營得還不錯，為了更上一層樓，就從外面高薪『挖』來一位操盤手。我的初衷是：請一位操盤手，雖然要支付數百萬元的年薪，但若可以將公司經營得更好，也是非常值得的。」

　　「沒想到，他來了之後，僅僅 1 年時間就把我的公司弄得烏煙瘴氣。現在他拍拍屁股走了，我還得收拾爛攤子。不但公司的現金流出現了問

操盤力篇：如何在組織中成就卓越

題，而且最要命的是士氣受到了很大影響。尤其其他高階主管，對他非常不服氣。他們說『公司現在被那個人搞得亂七八糟，他還拿了好幾百萬年薪離開了。我們每天兢兢業業，薪水卻遠遠不及他。這太不公平了！』」

這位老闆的遭遇並不罕見。還有不少老闆，尤其是中小企業的老闆都有過和他類似的遭遇。如何才能避免這樣的情況發生呢？關鍵在於老闆必須清楚一點：你為什麼需要企業操盤手？

很多老闆會說，是為了讓公司變得更好。這是老闆需要企業操盤手的初衷。那麼，操盤手如何做才能讓公司變得更好呢？這就涉及老闆聘請操盤手的標準了。

在實際的經營活動中，每一家公司都有各自的特性、都有自己的獨到之處。老闆任命或聘請的企業操盤手是否能與公司的需要一致？很難！即便是同一行業，大企業的成功操盤手到了小公司，也不一定能謀局成功。老闆請這樣的操盤手過來，是一種什麼心態呢？企業經營到一定程度，已經出現瓶頸了，想要請一名能幹的操盤手過來，讓企業更上一層樓，同時老闆自己也可以輕鬆一點。

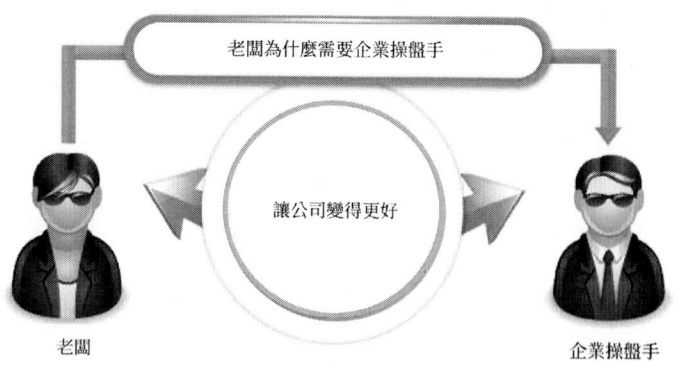

圖 2-1 老闆為什麼需要企業操盤手

不過，這只是老闆的美好願望。實際效果完全取決於操盤手的布局能力。那麼這位操盤手又會是什麼心態呢？他從一家實力雄厚的大企業，來到了一家規模不大的小公司，很容易產生居高臨下的感覺。不少操盤手會把自己當成新公司的「救世主」，覺得同事們什麼都不懂，只有自己才能解決一切問題。更需要注意的是，他可能會在新公司照搬自己在大企業工作時的那套布局策略。

這時候，麻煩就來了。企業裡的其他人員，從高階主管到基層員工，使用的都是現有的策略。於是，衝突出現了。其他主管會告訴操盤手：「公司的實際情況不是這樣的。」操盤手則會說：「你們不懂，還是按照我說的來做。」幾個回合之後，公司的業務執行就開始出現問題了。不久之後，老闆從相關彙報中得知了這個結果，也了解雙方的分歧。

雙方都希望得到老闆的支持。這時候，老闆會支持誰呢？大多數會支持操盤手。為什麼？老闆之所以請他來，就是想要改變公司，當然要先支持他的見解。可是，半年或一年之後，如果業績並未如老闆所願突飛猛進，老闆就會逐漸傾向於支持公司內部原來的主管。此時，痛苦就產生了。

當然，我舉這個例子的目的，並不是告訴各位老闆不要請操盤手。請還是要請，但是要釐清兩個問題：

第一，請操盤手的決策點在哪裡；第二，老闆最重要的工作是什麼。老闆最重要的能力是決策能力。請操盤手來就是為企業未來的發展謀劃布局。因此，老闆請操盤手來，要給他一定的決策權。

一個符合企業需要的企業操盤手是成熟的、願意「親力親為」的人。

那麼，什麼樣的企業操盤手才是適合企業的呢？一個符合企業需要的操盤手具有兩個明顯的特質：

操盤力篇：如何在組織中成就卓越

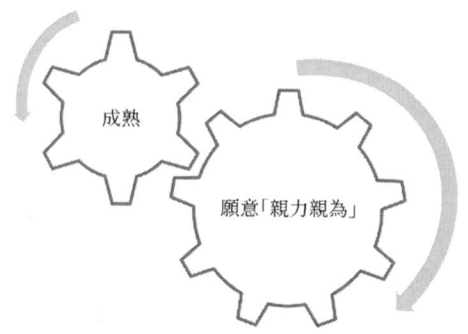

圖 2-2 符合企業需要的操盤手具有兩個明顯的特質

其中，「成熟」是操盤手最基本的衡量標準。如果這位操盤手性格成熟，就不會像上面例子中提及的操盤手一樣，以拯救企業為己任，而是到達新公司之後先了解情況。

願意「親力親為」是衡量操盤手的另一個重要的標準。世界一流企業的操盤手都願意「親力親為」。我曾經先後在十餘家企業做操盤手，我到一家公司的第一件事，不是躲在辦公室裡描繪宏偉的策略藍圖，而是直接跑到經銷商所在，跟經銷商說「我來為您免費工作三個星期，好不好？」三個星期之後，我回到總部，對公司的情況有了基本的了解，屆時再謀劃出來的「局」、布下的「陣」，就非常符合企業的情況。

為什麼要「親力親為」？願意「親力親為」，才會將自己過去的成功經驗與這家企業的現實情況結合起來，才會在原有謀局成功的基礎上進行有效的提升。

很多操盤手一到新的職位，就覺得別人的策略規劃不對，全部都要換掉，這是完全不成熟的表現。

既然企業操盤手要成熟和「親力親為」，那麼老闆要不要做同樣的工作？當然要！很多老闆在創業階段非常勤勞，很快就將企業經營至數億規模。巨大的成績讓他產生誤判。在他看來，終於到了可以鬆一口氣的

時候，可以讓企業操盤手來代為經營，自己可以去釣魚，遊山玩水，放鬆一下。

事實上，企業發展到一定規模之時，也是企業生死攸關的時刻。盲目樂觀、盲目放鬆，只會為老闆和企業帶來危險！我的一位朋友就曾經認為，公司發展到一定程度，自己可以好好休息，也請好了操盤手，為自己安排好了行程。但當他意識到自己和企業可能面臨的危機之後，馬上又取消了原來的安排。

難道老闆就應該凡事都親力親為，不讓企業操盤手幫助自己嗎？當然不是。操盤手要請，但請的同時老闆必須把握好四個前提：

```
┌─────────────┐   ┌─────────────┐
│ 請來的操盤手一 │   │ 企業處於哪個發 │
│ 定要成熟      │   │ 展階段，現在是 │
│              │   │ 否適合擴張    │
└─────────────┘   └─────────────┘

┌─────────────┐   ┌─────────────┐
│ 請來的操盤手一 │   │ 老闆要幫助操盤 │
│ 定要具備讓企業 │   │ 手熟悉企業，融 │
│ 大鵬展翅的能力 │   │ 入企業的環境  │
└─────────────┘   └─────────────┘
```

圖 2-3 聘請操盤手的四個前提

做到以上四點的老闆才能稱得上是一位成熟的老闆。如果隨便請一位操盤手過來，老闆既不「親力親為」，也不協助他，那麼公司被操盤手「搞垮」的機率就很大。

操盤力篇：如何在組織中成就卓越

找什麼樣的企業操盤手最可靠

老闆選擇企業操盤手時要謹慎為之。

「千軍易得，一將難求。」企業操盤手對企業極其重要，而適合公司和老闆的操盤手往往又可遇不可求。

在我個人操盤企業的過程中，越來越發現操盤手對於企業的重要性。操盤手作為企業的策略軍師，每一個謀劃都可能影響企業的命運，稍有不慎，就會「全軍覆沒」。所以很多老闆在選擇操盤手時步步為營，很難做出決策。

老闆選擇企業操盤手時，緣分很重要，是否有操盤經驗也很重要。

那麼，老闆究竟應如何選擇企業操盤手呢？

◆去哪裡挑選值得信賴的企業操盤手

想要妥善選擇企業操盤手，老闆首先必須知道企業操盤手在哪裡？去哪裡挑選值得信賴的企業操盤手？根據我的實際經驗，總結出以下三點，是老闆挑選企業操盤手的方向：

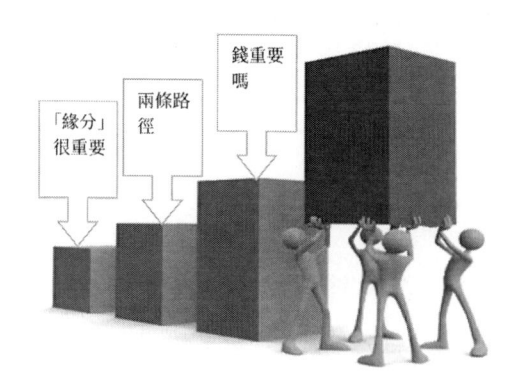

圖 2-4 老闆挑選企業操盤手的方向

緣分在那裡，他就在那裡。俗話說，人和人相遇，靠的是緣分。我認為，老闆之所以能遇見值得自己信賴、適合企業發展的操盤手，最重要的也是靠緣分。對此，你可能會說：選擇操盤手怎麼還要靠「緣分」呢？這不是玄學嗎？其實，這種說法是有一定道理的。

「緣分」、「運氣」等詞彙是通俗的說法。「緣分」通常表示某事件的機率不高，需要運氣。而老闆找到一名適合的操盤手，也是小機率事件，若操盤手的謀局能帶領企業大鵬展翅，更是鳳毛麟角的好機運。當老闆因為「緣分」遇見了優秀的操盤手，就要相互包容，珍惜相遇的「緣分」。

選擇操盤手的兩條路徑。操盤手從哪裡來？這個問題讓老闆們頭痛不已，因為他們不知道自己所需要的操盤手在哪裡，更不知道如何吸引優秀的操盤手。

在現實中，我發現大公司因為「家大業大」、具有影響力，更容易吸引到優秀的操盤手。而發展中的中小企業，卻因為知名度不夠而缺乏影響力，或者所在區域位置偏僻而缺乏吸引力，很難吸引到優秀的操盤手。

說到選擇操盤手，許多老闆都想挖掘海外優秀人才。但是，經驗豐富的老闆都知道，海外人才雖然知識水準高，策略理論強，但在布局的經驗和對於本土企業的發展情況及經濟形勢不太了解，很難對症下藥。

中小企業能否吸引到優秀操盤手，關鍵點在於企業的願景、晉升機制和老闆的「個人魅力」。所以，一般中小企業的老闆選擇操盤手時，會透過以下兩條路徑選擇：

操盤力篇：如何在組織中成就卓越

經由獵頭公司或他人推薦人才。

在企業核心高階管理團隊中培養和挖掘。

圖 2-5 選擇操盤手的兩條路徑

錢重要嗎？ 在選擇企業操盤手時，有個問題經常讓老闆感到困惑，那就是對於看重金錢的候選操盤手，老闆到底該不該選？其實這個問題，我也沒有確切的答案。老闆既不能因為候選操盤手注重物質利益，就完全否定他，也不能因為對方主動談錢，就由此判斷其境界高低。我認為企業操盤手是否重金錢與境界高低沒有太大關係。

老闆可以根據其他方面考核候選操盤手。比如，可以向他周遭的同事了解一下，是否是一個見利忘義的人？如果是，我勸你還是果斷放棄。

根據我在諮商經驗中觀察的結論是：不管企業操盤手是否談錢，老闆一定要主動和他們講清楚薪酬的規則。

選擇操盤手的 4 大技巧。 如何在數名候選人之中選出最適合公司發展的操盤手呢？對老闆來說，這是十分煩惱的事。僅根據與其短暫幾次接觸，就要做出判斷，確實比較難。俗話說：「知人知面不知心。」即使是相處多年的夫妻，一旦反目，也往往是認為「自己這麼多年，一直看錯了人」。

一般來說，受過良好教育、擁有漂亮履歷且適度包裝過的操盤手最能使人眼前一亮，頗具「迷惑性」。他們開口便是外資企業如何、美國企

業如何,令人感覺經驗豐富且見解獨特,也確實很能「唬人」。

但驗證真理的唯一標準是實踐。企業操盤是個實踐過程,最直接、最有效的檢驗,不是依靠理論的科學性和邏輯的嚴謹性,而是實踐成果。

那麼,老闆到底應該如何挑選最可靠的企業操盤手呢?為此,我專門向一些成功的企業家取經,總結出以下4則行之有效的經驗:

```
┌──────────┐  ┌──────────┐
│是否有操盤經驗│  │是否曾經成功│
└──────────┘  └──────────┘
┌──────────┐  ┌──────────┐
│ 慎選新人  │  │慎選任職時間較│
│          │  │    短者    │
└──────────┘  └──────────┘
```

圖 2-6 選擇操盤手的 4 大技巧

是否有操盤經驗。一個人能力的展現,源自於他自己的成功案例,實踐結果證明此人能否勝任。老闆在選擇操盤手時,對操盤手成功經驗的考核觀察,實際上是在控制風險。因此,在確定之前,要先釐清企業需要操盤手的主要目的,需要哪些能力,釐清目的之後,應首選具有類似成功經驗的人來擔任,將風險最小化。

如何定義成功經驗,我們可以從廣義角度來理解。例如,老闆若想推動公司的轉型改革,那麼操盤手的人選應該有與其相關的親身經歷,比如把業務從小做到大,或者將企業轉向網際網路等等。

是否曾經成功。對於中小企業，老闆通常會在公司內部挑選操盤手，這時老闆應該選擇「曾經成功過」者，也就是在其職位上做得相當不錯的人。

「曾經成功」能從側面反映一個人的能力。能在其他職位「成功」，說明此人具備做事的能力，相對而言比較成熟，懂得妥協和包容，不抱怨、不推託，將事情往好的方面推進。相較於能力未曾得到證明的人，選擇「曾經成功」者任職，是降低風險的作法。

慎選新人。選擇一位沒有任何操盤經驗和沒有成功過的操盤手，有很高的風險，老闆若非看人特別準的話，應儘量避免。許多優秀企業在業務發展過程中，若沒有適合的操盤手謀劃布局，寧願放慢腳步。假使老闆本身對轉型改革缺乏足夠了解，此時又貿然選擇新人操盤企業，或許會為公司帶來致命的創傷。

當然，我總結的這三點皆為經驗之談，並不一定是絕對真理，只是一種風險機率。

慎選任職時間較短者。雖然一個人的履歷並不能完全展現其能力高低，但有些資訊仍然具有參考價值。比如企業操盤手在公司的任職時間。一名操盤手在一家公司未能操盤兩個完整的自然年（或企業的財政年），老闆在選擇時，應該謹慎決策。

在我擔任操盤手時，一旦決定加盟某家企業，肯定會堅守至少 3 年，做出一些亮點和成績再考慮離開，否則就連一個月都不要待。操盤手加盟企業，就不能以「混日子」的心態，得過且過，必須實現績效目標，為企業創造價值。如果操盤手覺得加盟的企業並不適合自己的發展，最好當機立斷，立刻走人。如果選擇繼續留下，則必須具有堅韌精神，做出亮點和成績，為自己的職業生涯增色。

總之，對於老闆來說，選擇適合的操盤手是複雜而困難的。上述皆為我根據自身的觀察和實踐總結得出，難免有些疏漏，但都是獲得驗證的實際經驗，希望能對老闆們有所幫助。

企業操盤手如何選擇老闆和企業

企業操盤手選擇一個好平臺，才能大展拳腳，成就一番事業。

每一個企業操盤手都想讓自己的企業成為行業的佼佼者，在企業中實現自己的價值，讓老闆認可自己的成績。但是，操盤手想要實現這個美好的夢想，一定要慧眼識珠。

商場如戰場，只有極少部分的中小企業能夠發展為大企業。據我統計，許多中小企業的平均壽命不到三年，足見企業發展的艱難。能夠發展起來的公司不多，能夠成功拓展企業實力及規模者更是鳳毛麟角。

俗話說：「巧婦難為無米之炊」，作為企業的操盤手，一定要選擇一家有潛力的公司。否則，操盤手就如擱淺的蛟龍，本領再大也沒有發揮的餘地。選擇一個好平臺，操盤手才能大展拳腳，成就一番事業。

企業操盤手選擇老闆時要觀察核心團隊和知識水準，選擇企業時要看準三點。

那麼，操盤手如何選擇一個好的平臺呢？其實對操盤手來說，好的平臺就是指好的老闆和好的公司。我透過近距離觀察，總結了一些不適合選擇的老闆和公司的特徵，供操盤手在選擇平臺時參考。

◆選擇老闆，看核心團隊和知識水準

企業操盤手在選擇老闆時，可以觀察兩個核心重點，如果你的老闆擁有這兩點，那麼我建議你不要選擇這樣的老闆。這兩點如下：

操盤力篇：如何在組織中成就卓越

身邊沒有穩定的核心團隊。老闆身邊有沒有核心團隊，顯示老闆是否具有感召力，這也能展現一個老闆的綜合素養。

領導者的個人素養對團隊有著重要的影響。每個團隊領導者都必須具備高尚的個人特質，而且在帶領團隊的過程中必須堅持這些特質。高尚的素養在實踐中可能有不同的表現形式，但其本質應該是不變的。

如果一個老闆沒有高尚的素養，將很難組織出一個有力量的團隊，跟隨在他周圍的大多也都是一群被利益所驅使的「烏合之眾」。操盤手在選擇老闆時可以透過觀察老闆如何處理團隊衝突，判斷其是否誠信正直。

在我接觸的眾多老闆中，很難經由與他們單獨溝通，便判斷其個人素養。俗話說「老王賣瓜，自賣自誇」，很多老闆為了吸引優秀的企業操盤手，會大談自己的抱負，對行業的研究和理解，言語間厚道、真誠，讓我們以為操盤其企業可以不費吹灰之力便「圓滿完成」。但是，再深入了解公司領導團隊之後，才發現他的身邊沒有真正的核心團隊。

當我剛開始接觸這些老闆時，我會好奇：為什麼這麼好的老闆會沒有核心團隊跟隨呢？而老闆總會抱怨自己遇不到優秀的操盤手，說自己吃過很多虧，上過很多當，操盤手「辜負」了他的信任。

後來，隨著與這類老闆的深入接觸，我發現，他之所以沒有核心團隊，很大一部分原因在於他自己，最初的好印象很可能都是表象。

幾年前，我接觸過這樣一位老闆，他在 1990 年代就透過貿易賺到第一桶金，之後一直在外貿行業發展。10 年後他又轉戰房地產行業。創業的二十多年來，他身邊的操盤手有如走馬燈，也一直沒有核心團隊。與他初步交流時，他給我的印象很好，我覺得他很厚道，所以才總是被人算計。

可是，隨著深入了解，我發現他身上存在很多問題，比如沉不住氣，總是憑感覺做出決策，之後又反悔，朝令夕改。對人也是如此，熱得快、冷得也快。

透過觀察，我發現他是一個格局不大、不夠沉靜的人，很難成大氣。他的公司在這幾年也一直原地踏步，沒有什麼起色。公司的人事關係複雜，操盤手換得如流水一般。再看與他同期創業的公司都已經發展壯大了。

像這樣創業多年仍未妥善建立核心團隊的老闆，他的公司也很難壯大。操盤手在這樣的平臺上是不可能謀好局的，因為你改變不了他的格局。也許你為他的企業謀下一盤好棋，在關鍵時刻他卻「丟車保卒」了。

總結起來，這類老闆有以下幾個共同特點：

事必躬親	對人苛刻
不願分享	不念舊情

圖 2-8 未妥善建立核心團隊的老闆的四個特點

知識水準不高。對於老闆的知識水準，很多操盤手可能會有異議。的確，現在確實有很多老闆沒有很高的學歷和知識水準，但是依然把企業做得很成功。儘管如此，也並不能說明老闆的知識水準不重要。因為

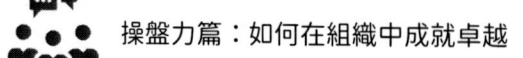

一個人的成功包括很多因素,有時候,也許見識、膽識、敏銳的直覺、廣闊的視野,在這個機遇大於一切的時代更為重要。

但是,我為什麼要說老闆的知識水準高低對操盤手十分重要呢?因為一個人的知識水準與他接受新事物和改變自我的能力是密切相關的。知識水準不高的人,在通情達理方面的程度也比較差,而且容易「不知變通」,不願意改變。操盤手與知識水準高的老闆溝通時能更有效率,工作上磨合得也更快。

老闆的知識水準是操盤手選擇平臺時的一個參考標準,但不是決定因素。確實有少數知識水準不高的老闆能成功經營企業,但操盤手若選擇這樣的老闆還是有一定風險。我們提出這一點也不是基於偏見,而是提出這種可能性。

◆ 選擇企業,看這 3 個點就夠了

企業操盤手在選擇企業時,也有以下幾個核心要點:

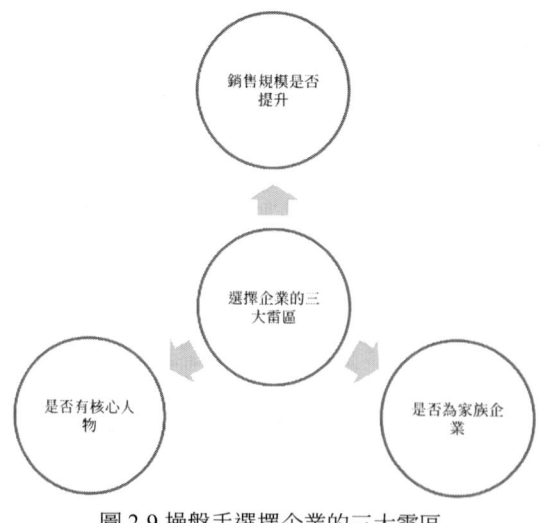

圖 2-9 操盤手選擇企業的三大雷區

創業多年，銷售收入沒有突破。如果一間公司在某一行業內發展了10年以上，而銷售收入還沒有破億，說明了這家公司在選擇業務領域時出現了問題。

創業多年，銷售規模仍沒有大突破的企業，再優秀的操盤手也難以扭轉乾坤。因為操盤手也需要肥沃的「土壤」才能「耕種」和「收穫」，而這樣的企業就猶如一塊「鹽鹼地」，不適合操盤手發展和生存。

另外，如果這家公司外聘的高階主管很少任職3年以上，那麼就有必要懷疑該企業是否有發展潛力了。一、兩名高階主管離職可能是個人問題，如果所有高階主管都選擇離開，那一定是公司本身存在問題。

家族企業。家族企業內部的生態相當複雜，操盤手很難在其中生存。企業中存在家族成員，對企業來說有利有弊，操盤手應謹慎考慮。

在創業初期，公司能否存活是未知數，因為付不出很優渥的薪酬，較難吸引優秀的人才。由於企業處於草創階段，制度十分不完善，仰賴員工的可靠性和忠誠度，這時，很多老闆會選擇家庭成員做為員工。因為在這個階段當企業遇到困難，最有可能堅守下來渡過難關的就是家庭成員。家族企業有其歷史原因和現實條件，不能武斷地說家族企業好或者不好。

只是，操盤手在選擇這樣的企業時要謹慎考慮，應觀察老闆如何對待不能勝任工作的家族成員。當企業逐漸擴大經營規模和業務範圍時，無法勝任工作的家庭成員應該退出企業，對能力出眾的家庭成員，老闆也應該考慮讓他有單獨的一片天地。

沒有核心人物的企業。成功的創業團隊有一個共同點，就是它們都擁有一名具有威望的核心人物，受到團隊其他人的尊重，能把所有成員凝聚在一起。

操盤力篇：如何在組織中成就卓越

　　核心人物一定具有作為優秀領導者的潛質，但是並非每一位有潛力的人都能成為團隊的核心人物。一個人能否成就事業，就要看他能否建立團隊，並讓團隊認可自己的能力和素養，成為團隊的核心人物。

　　沒有核心人物的團隊就如同一盤散沙，而且會因為長期的內部鬥爭而產生「損耗」，很難形成戰鬥力。一個有戰鬥力的團隊必然要有一名核心人物，既擁有絕對的權威，同時能平等地對待團隊成員。如果一個團隊當中，所有人都實力相當，大家誰都不服誰，就會有麻煩，因為「一山不容二虎」。「山有二虎」的情況可以出現在創業初期，因為此時「誰是核心」還不是那麼關鍵，一旦企業走過創業初期，進入發展期，這個問題就會變得逐漸浮現。

　　「誰是核心」的背後是權利鬥爭，這是普遍和必然存在的現象。權利鬥爭過後必然有人離開，有人妥協，形成一個相對穩定而有核心的結構。這是任何人建立的組織都會發生的普遍規律。

　　企業是否已經形成領導核心，是操盤手選擇平臺時必須要考量的。操盤手加入沒有領導核心的企業，會面臨較大的風險。

　　某家公司發展前景很好，業務擴張很快，需要大量的優秀人才加入。老闆求賢若渴，很想有一位操盤手能幫助企業謀劃布局，可是幾乎所有的操盤手在深入了解之後，都沒有選擇該公司，為什麼呢？

　　原來該公司的高階主管和股東之間經常意見相左，高層的意見不一致，使部屬無所適從。這家公司的股東都是創立元老，他們各自股份的差異不大，股東們能力也很強，所以誰都不服誰。沒有誰能成為權威的核心人物，因此企業沒有核心團隊。這樣的情況使公司內部環境複雜，辦公室「政治」的氣氛濃厚。大多數的操盤手都很難適應這種環境，因為每布一局，都無法執行，工作中的大量精力都花在協調各層關係，小心

翼翼處理人際關係上。

這種情況屬於較深層次的問題，從表面上很難判斷。操盤手只能透過接觸、觀察股東和高階主管之後才能判斷。

上面談到的這些值得注意的特徵和雷區，並不是絕對的，而是具有相當的機率。我們不應該生搬硬套，而是要結合實際情況去觀察、分析和思考，做出謹慎的決策。如果我們選擇的企業符合以上所列舉情況，也只能說明目前面臨一些風險，並不代表我們的選擇是完全錯誤的。此時，作為操盤手，就要提醒老闆們檢視自身，進行改善。

老闆如何與企業操盤手相處

老闆與企業操盤手的相處非常重要。

前年，在一次活動中，我認識了一位老闆。熟悉彼此過後，他向我抱怨，三年前，他請了一位企業操盤手，剛開始的兩年裡，操盤手確實把企業的策略和頂層設計做得非常好，讓企業的利潤整整翻了 10 倍，老闆非常感謝他，卻不知道該如何與他相處。操盤手每次布局從不事先與老闆溝通，造成了很多工作上的不便。多次嘗試與他溝通，但都以失敗告終。

去年，操盤手為公司謀劃了新的策略，預計擴大規模，同樣地沒有與老闆事先溝通，所有的事情都一手掌控。結果策略進行到中段時，操盤手才說需要老闆的幫忙，老闆一頭霧水地按照他的計畫繼續執行。結果，由於盲目地擴張和囤貨，公司資金鏈出現了問題，老闆想與操盤手商量，試圖解決目前的困境，操盤手卻說不需要。結果幾個月過後，員工的薪資都出現了問題。

最後，這位老闆真誠地詢問我：「我其實很信任他，但我的確不知道該如何與他相處。」。

聽完這位老闆的抱怨，我表示，其實我也沒有一個行之有效的方法，能指導他如何與操盤手相處，但我總結了自己操盤企業時各位老闆與我的相處之道，向他提出以下三點：

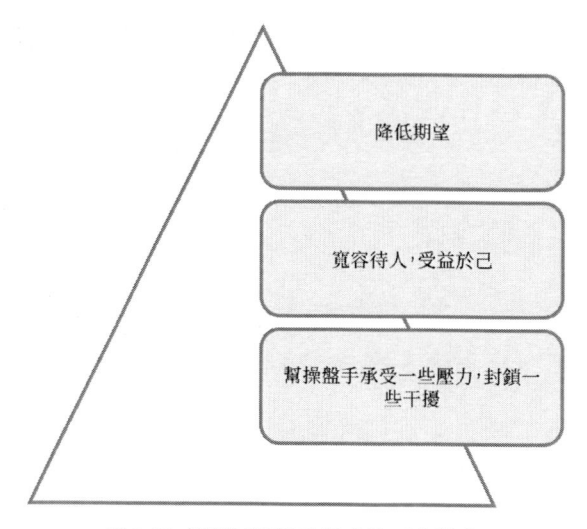

```
           降低期望

       寬容待人，受益於己

   幫操盤手承受一些壓力，封鎖一
            些干擾
```

圖 2-11 老闆和操盤手相處的三大訣竅

老闆與企業操盤手相處的三大訣竅。

◆降低期望

在企業發展過程中，往往上演著這樣的劇情：創業之初，老闆憑藉一己之力獨當一面，帶著一幫兄弟奮力打拚，很快在市場上站穩腳跟，成功跨越了存活期到成長期。然而，隨著企業發展，各種問題日益明顯：規模成長逐漸緩慢，利潤開始下降，內部管理衝突頻出，產品品質投訴不斷，各部門之間也難以協調工作、互相指責，創業激情消磨殆盡，公司陷入一片忙亂之中。

第 2 章　企業操盤手與老闆的雙贏之道

作為老闆，自然心中無比沉重，一起創業打拚的兄弟，雖然仍舊忠誠，但已難以承擔企業發展的重任。此時，企業操盤手的引入似乎是救命稻草，希望他的加入能為企業帶來變化，突破企業成長的瓶頸。

一邊是求賢若渴的老闆，急需操盤手為企業帶來「立竿見影」的變化；一邊是「滿腹經綸」的操盤手，期待有適合的平臺以大展身手。老闆和操盤手雙方似乎有著高度「契合點」，雙方一拍即合。

但現實往往是另外一番情景──期待越高，失望也越大。

老闆經常有這樣的感覺，操盤手擁有良好的教育背景，豐富的從業經驗，有的甚至來自標竿企業，對於企業運作深諳於心，應該能為企業帶來巨大的改革，但實際卻「並不是那麼回事」。

而操盤手在加盟企業之後，也往往是滿懷激情而來，「傷心而去」。認為老闆並不如自己想像那般有想法、思路清晰且有事業心，無法實現自己成就事業的雄心，因而打退堂鼓。

為何短期的相處會讓彼此有如此大的變化呢？雙方的認知有這麼大的反差？

我認為是在一開始，雙方的理解就有偏差，但彼此未能表現出來。針對這個現象，雖然各執一詞，且都是站在各自的角度，皆有道理，但就其本質而言：老闆需要調整自己的預期。不能把操盤手當成「天兵天將」，認為他能力挽狂瀾，迅速帶來「翻天覆地」的變化。

我認識的一家房地產老闆為了將公司轉型，透過朋友介紹，認識了一位知名房地產企業的操盤手 X 先生。X 先生畢業於國外著名大學的建築科系，又曾於 1980 年代留學日本，之後在香港一家知名房地產企業擔任操盤手，業績非常好，在圈內口碑甚好。

這位老闆與 X 先生的幾次接觸中，認為 X 先生既有理念又有實踐

方法，為人正直，尤其是在面對分歧時，不隨意迎合老闆，堅持表達自己的見解。經過大約一年的相處，老闆更加肯定 X 先生就是自己想要的人，於是不惜重金挖角，讓他擔任自己的幕後軍師——企業操盤手。但結果並不如預期，經過大約一年多，X 先生就黯然離開。

後來，我曾私下與這位老闆談及此事，老闆認為 X 先生格局不夠，一年多來都無法為企業帶來任何變化。

我也私下向 X 先生了解情況，X 先生認為這家企業管理太差，核心管理階層毫無專業性，公司資金非常吃緊，老闆善變，沉不住氣等等。

其實，老闆與企業操盤手相處時，要明白操盤手不是「天兵天將」，企業的改變也並非一蹴可及。老闆對他們的理解應該客觀一些。作為企業操盤手，也有各自的優缺點。老闆應慧眼識人，物盡其用，才能為企業帶來更好的發展。

◆寬容待人，受益於己

拿著高薪、頂著「軍師」頭銜的操盤手進入企業時，勢必會引起騷動，大家都拭目以待想看看操盤手如何為企業謀局，老闆也想看看操盤手到底有什麼出眾的能力。老闆有這般想法是人之常情，但在企業操盤手看來，反而演變成一種「觀眾心態」，老闆似乎只想袖手旁觀，看著操盤手獨自表演。這就違背了老闆需要操盤手的初衷，企業講求團隊合作，每個人都有自己的角色，共同配合才能把「戲」演好，而不是光靠操盤手「唱獨角戲」。

操盤手加入了企業，就是企業的一分子，老闆要有寬容的心態和胸襟。操盤手有自己的個性特點，能力上有長處也有短處。老闆不應該把目光全部放在缺點上，或者用自己的主觀標準去衡量別人。在現實中，我經常看到很多老闆對於共同創業的元老，或者自己培養的人才都很寬

容，唯獨對操盤手卻很嚴苛，少了一分寬容。

比如，我曾認識的一位老闆是技術出身，喜歡盯著操盤手的缺點不放，平時說話也很直接，不留情面，這一類老闆將自己的個性稱為「直率」，很多操盤手都受不了這種「直率」，這種「直率」還有一個說法叫做「情商低」。這些老闆不僅與操盤手相處不好，也很難帶領隊伍，團隊凝聚力很低。

在我曾經操盤的企業之中，有一些老闆非常寬容，他們能為我創造條件，最大限度地發揮我的價值。他們明白一個顯而易見的道理：和操盤手之間需要有一個全面的重新認識的過程。他們能看到我的缺點，更知道如何發揮我的長處。總之，老闆應該成為操盤手的有力後盾，支持操盤手，幫助他順利地進入軌道。

◆幫操盤手承受一些壓力，封鎖一些「干擾」

操盤手剛加盟企業，面臨各方壓力。此時，工作受阻往往不是因為能力問題，而是因為承受的壓力太大。懂得相處之道的老闆，此時應幫助操盤手承受來自董事會、大股東、其他高階主管等各方面的壓力，讓操盤手集中精力謀局。如果老闆沒有在中間擔任緩衝，將使操盤手行事過於謹慎，不求有功、但求無過，放不開手腳，甚至在各方壓力下無所適從，陣腳大亂。

我經常在各種慶功會上聽到老闆對操盤手說：「當初我力排眾議，支持你的決策，和你一起承受龐大的壓力，我始終信任你的決策是正確的，現在你終於用業績來證明我的眼光！」

假若老闆能夠幫操盤手承受壓力，封鎖「干擾」，讓操盤手放手去做，出現問題後不推卸責任，而是與操盤手一起承擔，這就是老闆對操盤手的最大支持和幫助。

操盤力篇：如何在組織中成就卓越

企業操盤手如何贏得老闆信任

操盤手和老闆之間的不信任，其本質在於他們思考邏輯的不同。

企業操盤手決定著企業的命運，是企業在商海中的舵手，但試問有多少老闆願意將船舵全權交出呢？

我經常聽到操盤手抱怨老闆對他們的不信任，謀劃的局陣需要老闆重新核定，甚至直接推翻，毫無獨立的處置權，這樣的操盤手何談去操作企業的生死？而無獨有偶，老闆們對企業操盤手也充斥著各種不滿：給了決策權，卻不為企業著想，缺乏責任心；凡事都需要親力親為，根本無法替老闆減輕負擔⋯⋯

雙方互相持有這種印象，那麼共創企業的美好明天也就無從說起了，然而原因是什麼呢？作為企業操盤手，如何贏得老闆的信任，做到「名符其實」，必須找到癥結點，並對症下藥，儘早迎來這個交接船舵的時刻。

企業操盤手想要贏得老闆的信任，首先必須釐清老闆為何不信任自己。根據我的經驗和觀察，我認為導致老闆不信任操盤手的原因主要有以下兩點：

操盤手的職責問題　←→　關鍵在於先責任，後權力

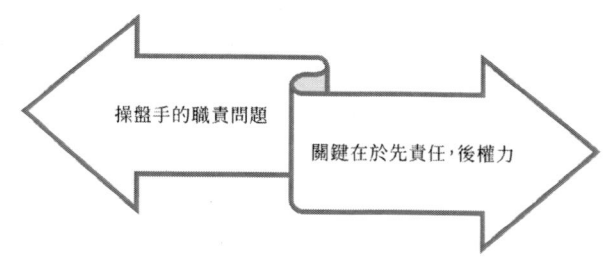

圖 2-12 老闆不信任操盤手的原因

◆ 操盤手的職責問題

操盤手操盤一間公司，便獲得一份職責。這份職責的背後，實則包

含著諸多詮釋，比如責任、權力、利益、能力等。只有將所有都付諸實際，才能獲得我們所追求的「名符其實」。

操盤手在操盤企業的過程中，首先要承擔起的就是責任，所謂「在其位，謀其政」，即說明責任的重要性。面對企業，我們所做的任何一個決策都是責任心的展現，而決策，來自於權力。通常教科書認為權責相當，但在實際運用中，並不盡然。大多數情況下是「責任大，權力小」，也有一些情況是「權力大，責任小」。此外，權力的實際展現是漸進的過程。它需要經由機制來爭取，且具有明顯的遲滯性。比如，有的機制需要依靠責任和業績來爭取權力，而有的機制則依靠關係爭取權力。

責任和權力均得以落實，隨之而來的才是利益。這其中，又牽扯到能力的高低。能力需要在實踐中不斷地提升。大多數時候，利益的兌現都需要我們奮力創造成績，需要付出更多的努力。這個過程涉及誠信問題，因而存在一定的風險，但不否認它存在的合理性。

權力、責任、利益和能力在時間上並不存在一致性。權力和利益都必須經過考驗才會獲得，這是作為操盤手所面對的最大的挑戰，因而也成為抱怨最多的內容。而如果要得到老闆的信任，職位背後的內容需要我們用實踐來證明。

◆ **關鍵在於先責任，後權力**

操盤手在企業中從「名不符實」轉變為「名符其實」的關鍵在於信任，而信任從本質上需要我們用行動來爭取。

操盤手加入一間企業之後，他所思考的是他身處這一職位時，老闆是否給予他足夠的權力，不授權則很難保證他自身利益所得。沒有權力，就很難執行工作，也很難承擔責任，因為責任大，權力大。

而老闆們則認為，應賦予操盤手多大的權力，在於他能承擔多大的

責任、有多大的能力。在不了解其潛能的前提下，只能給予基本保障。換句話說，只有操盤手做出業績，得到老闆認同之後，才能有所回報。

操盤手和老闆之間的不信任，其本質在於思考邏輯不同。因此，要獲得老闆的信任，操盤手需要改變自身觀念，必須在權力資源有限的前提下，先承擔責任。盡自己最大努力，為企業創造最大收益，逐步獲取老闆信任的同時亦爭取權力，繼而發揮更大的效用。操盤手貢獻越大，地位越高，獲得的利益也就越大。

企業操盤手要贏得老闆的信任，誠信正直的品德是前提，能力是絕對條件。

現實中，老闆會透過各種途徑對操盤手進行考察，諸如工作業績、策略布局、危機處理等等，甚至是透過近距離的接觸，觀察其品行。在這些考察中，操盤手誠信正直的品德是獲得老闆信任的前提。在實際生活中，主要展現在以下幾點：

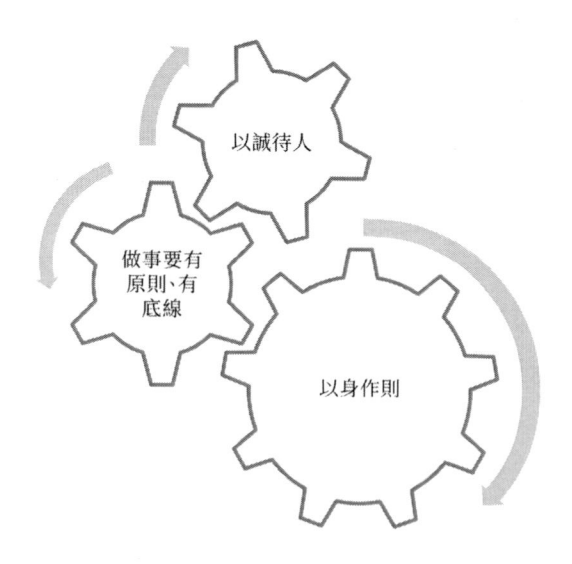

圖 2-13 操盤手的品行是贏得老闆信任的重要前提條件

◆首先要做到以誠待人

我曾接觸的所有操盤手之中，當我問及「你認為贏得老闆信任最重要的是什麼」，他們一致認為，在老闆面前最好的策略就是──誠實。

無論是面對老闆，還是同事、部屬，應當以誠相待，出言謹慎，根據自身了解的情況，做出相應決策，不輕易承諾，以免使自己處於弱勢局面。

我曾遇到一位操盤手，在尚未分析市場和內部資源狀況的前提下，對企業計畫侃侃而談，對企業主管和員工輕易許諾。結果年底業績與他所設定的目標相差甚遠，承諾無法兌現，使得自己在公司同仁心目中的可信度直線下降，失去老闆的信任。

企業的發展不僅是光靠一張嘴，盡心盡力為老闆著想，以誠相待，才是獲取信任的前提。

◆其次，做事要有原則、有底線

堅持原則可以展現出這個人正直與否，而老闆則十分看重這一點。在處理問題時，能否做到對事不對人；在完成任務時，是否能做到謹守底線，等等。

在非常時期，能容人之短，用人之長，也是正直的展現。

格蘭特（Ulysses S. Grant）是美國南北戰爭時期有名的統帥，但其因為喜歡喝酒容易遭人非議。當時，北方軍在道義、人力和物力都處於優勢的情況下，卻接連被南方軍打敗，形勢上處於弱勢。林肯對此深入分析，認為是原先的統帥個性不突出，雖然穩健，但是不能出奇制勝。他想到了格蘭特，提議任命他為新統帥。當時的北方軍幾乎都反對，擔心格蘭特愛喝酒誤軍情。林肯聽了大家的意見，明確表示：「我們現在需

操盤力篇：如何在組織中成就卓越

要的是能帶兵打勝仗的人，而非其他。我知道格蘭特喜歡喝酒，打勝仗後，我送幾馬車的酒給他喝。」而格蘭特也沒有讓林肯失望，最終扭轉了戰局。

作為企業操盤手，良好的職業素養能使其在任何情況下嚴格要求自己，做事有原則，會給老闆可靠的感覺，這不僅能消除他人的猜忌，更展現了我們的專業程度。

◆再者，要以身作則

作為企業的操盤手，是整個企業的掌舵者。若在執行時，不能以身作則，上梁不正下梁歪，整個企業的風氣將隨之瓦解。

我曾經在操盤某家企業時，剛上任一個月，就發現員工遲到的現象比較嚴重，雖然公司對此制定了較重的罰款制度，但整治效果並不明顯，員工們士氣低迷，怨聲載道。面對此種情形，我每天提前15分鐘上班，在公司門口「恭迎大家」，不到一個星期，問題迎刃而解。除了出差、特殊情況以外，我每天風雨無阻，最終將公司的「遲到問題」徹底地解決，員工們也都自覺養成了早到的習慣。

人的行為無時無刻展示著他的修養，很多知名企業的文化都強調從小事做起，從職位做起，從自身做起，這都是對品德的要求。許多企業老闆在用人方面也認為，是否可靠最重要。這不僅表現在操盤手的日常品行，同時也讓老闆認同其對於事務決策有絕對的掌控力和駕馭力。

因此，作為企業操盤手，在布局時要沉穩以待，不慌張、不盲從，做事有板有眼，才能得到老闆的青睞。對於那些在職場中善於耍「小聰明」的人，我要提出一些建議：聰明反被聰明誤，只會加深老闆對你的不信任，不會提拔重用。

要想獲取信任，除了擁有可靠的特質，能力也是不可或缺的先決條

件。能力是透過操盤手的工作業績來展現的,那麼,操盤手如何提高工作業績呢?在這裡,我提供以下兩個建議:

針對問題分類,解決核心問題

謀定而後動

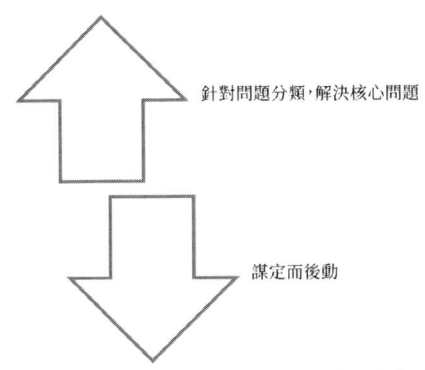

圖 2-14 操盤手的能力是贏得老闆信任的絕對條件

◆針對問題分類,解決核心問題

操盤手在為企業謀劃布局的過程中,會遇到許多迫切的問題,而這些問題往往超出部屬的能力、職權、責任範圍,是部屬不能、不願和不敢解決的問題,比如現有制度和流程的阻礙狀況、與其他部門難以協調配合、部屬不願承擔責任等等。

面對這些看似繁多且緊急的問題,操盤手常常被弄得手忙腳亂,其實只要深入分析,善於發掘問題的規律,問題便迎刃而解。我經由考察發現,我們在工作中遇到的問題都是有規律可循的,要將繁多的問題進行分類,使其具體化和結構化,解決問題核心。

比如說,面對員工執行不力的問題,其部分原因是責任不明確,職位銜接落差;例如製造業總經理面對投訴,主要集中在特定幾款產品,或某個工廠等等。

釐清問題產生的原因及規律,針對問題本身對症下藥,是高效解決問題的不二法則。

操盤力篇：如何在組織中成就卓越

◆謀定而後動

　　操盤手進入企業後開始執行策略，提升企業的業績，為企業帶來新氣象。一般來說，新的操盤手經過2至3個月時間就必須有所行動。老闆期待出現新氣象的期限大概是3至6個月，否則老闆就會開始懷疑操盤手的能力，甚至可能透過非正式管道表達對操盤手的不滿。

　　即便如此，操盤手也不能操之過急，不要一味地迎合老闆對自己的期待而貿然行動，更不能毫無規劃地走一步算一步。

　　我曾經在一家電器生產企業擔任操盤手，當時，行業內另一家公司的市場占有率在60%以上，而且該公司生產規模大、成本低，生產線比較新，採取低價策略。我所在的企業競爭力太弱，策略改革迫在眉睫。

　　我花了兩個月的時間走訪市場、深度調查，結合企業內部的情況，分析問題所在，全面了解之後提出解決方案：短期從品質和市場著手，提升產品品質，擴大市場占有率；長期則需要投資新的生產線，擴大生產規模。當短期措施見效，獲得董事會認可，繼而爭取董事會投資，擴充產能。

　　從內部管理來說，企業需要嚴格把關產品品質，擴大市場競爭力。仔細分析投訴問題之後，發現這些問題主要集中在某幾條生產線和某幾款產品，而且公司缺乏合格的品質管制人才，針對此現象我很快地制定具體的解決辦法，果斷地從韓國同類產品公司引進幾位品質管制專業人才，重新建立品質管制系統，確實把關產品品質。

　　從外部市場來說，我決定擴大市場路線，優化傳統市場結構，藉助企業集團強大的銷售網路，攻略相對比較容易的市場。

　　在我的策略布局之下，公司產品的銷售額大幅提高，市場占有率明顯增加，短期目標很快得以實現。緊接著，我帶領核心團隊實施長期計

劃，向董事會彙報了擴產計劃，現有市場的積極回饋帶給董事會信心，董事會最終認可了我的方案，擴大企業生產規模。經過幾年的努力打拚，兩個企業的市場占有率幾乎相差無幾，整個市場格局從「一枝獨秀」變成了「雙寡頭」。

　　上述案例充分說明，只有確實了解市場情況之後，謀定而後動，才能妥善完成任務，獲得老闆的認可，繼而爭取更大的支持，獲得更多的權力。

操盤力篇：如何在組織中成就卓越

第 3 章　優秀操盤手的 7 項基本修練

傑克・威爾許（Jack Welch）曾說：「一頭獅子帶領一群綿羊，可以打敗一頭綿羊帶領的一群獅子。」身為企業操盤手，是企業的智慧大腦，一個企業是發展壯大還是走向滅亡，絕大部分取決於企業操盤手的謀略。

一名合格的企業操盤手，必定是一位最強的領導者，是一個企業的大腦，是企業發展的謀劃者，是重大決定的布局者。要成為這樣的操盤手，要具備良好的心態、無窮的感召力、超強的決策力、敏銳的洞察力、科學的統籌力、靈活的應變力、堅持的執行力。唯有妥善修練這些基本的素養和能力，才能成為一名合格，乃至優秀、卓越的企業操盤手。

本章不只是在寫操盤理念，而是在記錄諸多優秀企業操盤手在實踐中累積出來的謀局策略和真知的經驗錦囊手冊。善於模仿的企業操盤手，能從本章中學到優秀企業操盤手的核心技能，能看到自己在操盤企業過程中出現的亮點和盲點；善於比較的企業操盤手，能從本章中看到自己與優秀企業操盤手的距離；善於學習的企業操盤手，能從本章中提升自己的能力及修養。

心態決定成敗 —— 優秀操盤手必備的心理素養

良好的心態是操盤手必備的心理素養。

在生活中，我經常聽到朋友、同事或員工抱怨不知道該如何才能成

第 3 章　優秀操盤手的 7 項基本修練

功。每當我去參加企業操盤手的論壇、講座時，也時常見到操盤手在問同樣的問題：「操盤企業的成功關鍵在於什麼？」其實，就我本人來說，我也一直在思考這個問題：對於操盤手而言，到底什麼才是成功的關鍵？直到幾年前，我無意間在網路上看到一個實驗，才有所頓悟。

這個實驗是這樣的：

著名心理學家佛洛姆（Erich Fromm）把他的學生帶到一間黑暗的房屋，請他們從一條木板上走過。當他們全部走過去後，佛洛姆打開房內的燈。學生們這才發現剛才走的木板下面是一個很深的水池，而水池裡有一條很大的鱷魚。這時佛洛姆請學生們再重新走一遍，竟然沒有一個人願意再走……

其實，從學生們第一次走過的經驗，木板橋並不難走，但當學生們知道水池裡有鱷魚時卻不願再走，這是因為他們的心態發生了變化。由此可見，能否成功過橋的關鍵就在心態。

對此，知名作家拿破崙‧希爾（Napoleon Hill）說過一句膾炙人口的話：成功人士與失敗人士的差別在於，成功人士習慣用良好的心態面對人生，而失敗人士則用消極心態面對人生。

如果我們把操盤企業視為過橋的過程，那麼能否到達成功的彼岸，關鍵就在於良好的心態。

良好的心態對於操盤手來說十分重要。操盤手必須處變不驚、勇於決斷、勇於挑戰，才能做到謀局時運籌帷幄，決勝千里之外。反之，操盤手若是患得患失、猶豫不決、畏首畏尾，只會錯失良機，導致失敗。因此，良好的心態是操盤手必備的心理素養。

企業操盤手要處變不驚、勇於決斷、勇於冒險。

063

那麼，身為企業操盤手，我們應該具備哪些良好的心態呢？根據我的個人經驗以及向其他操盤手進行調查顯示，要謀局成功，至少應具備以下三個心態：

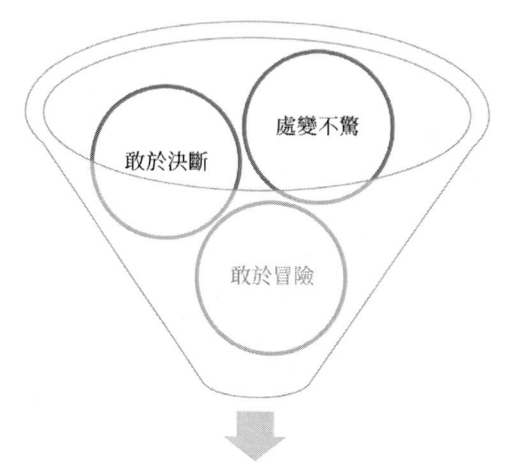

圖 3-1 優秀操盤手必備的三種心態

◆ **處變不驚** —— **平心靜氣，時刻保持頭腦清醒**

操盤手身為企業的謀局者，經常要面對重大的改變或處理非常緊急的事件，這時操盤手是否保持鎮靜、處變不驚的心態就顯得非常重要。冷靜是一種極高的個人素養，遇事處變不驚的人能在關鍵時刻做出理智的決策，這是成功的關鍵。在這方面，我有著很大的發言權。

幾年前，我在操盤一家科技公司，工廠裡生產的產品出現了很大的品質問題，在社會上引起強大的負面影響。一時之間，該公司的產品全部被退回，也損失了不少大客戶。老闆與我們討論應對的策略，以老闆為首的意見主張降低供貨價格，將大客戶吸引回來。只有我獨坐不語。此時剛好老闆要出去接電話，我便追了出去，我冷靜地向老闆說明「降價」帶來的致命打擊 —— 如果降價的話，未來我們的產品即使品質再

好,也無法再有具競爭力的價格,更重要的是,會失去消費者對我們的信任。老闆聽了我的話,決定不再降價,而是按照我的計策——先收回有品質問題的產品,接著加強對產品品質的監督,召開新聞發表會,做出道歉並承諾。對於大客戶,針對有問題的產品,我們原價收回⋯⋯

我的冷靜令我認清形勢,做出正確的判斷,並幫助老闆做出了正確的決策。

冷靜不僅是操盤手良好的心理素養,更是一種處世的智慧。大事當前,臨危不亂,自然能夠找到破解之法,化解危機。心思浮躁,遇事慌亂的人,不但不能解決問題,反而會誤事。身為操盤手,我們在遇到危機或挫折時,不要慌亂也不要哀嘆,要勇敢地面對眼前的困境,冷靜地尋找解決方案。

我曾經讀到一句古言,認為對企業操盤手謀局企業非常有用:「恃勇者亂,亂必亡;恃才者凌,凌必傷;恃壯者縱,縱必夭;恃勢者驕,驕必戕。」這句話的意思是,自恃勇敢的人一定會膽大妄為,妄為導致滅亡;自恃有才華的人一定會盛氣凌人,凌駕他人之上必定傷及自身;自恃強壯的人一定會放縱自己,放縱導致夭折;自恃有勢力的人一定會驕橫,過於驕橫會失去性命。

人在憤怒的時候,判斷力會嚴重下降。這就是為什麼人在衝動時做出的決定,容易事後後悔,造成一失足成千古恨。所以,處變不驚、保持鎮靜、冷靜處理問題是操盤企業成功的關鍵。一位優秀的企業操盤手在關鍵時刻一定要從容不迫,相信自己能扭轉驚險的局面。天有不測風雲,面對商場的突發事件和風險,我們一定要千錘百鍊出良好的心理素養。

操盤力篇：如何在組織中成就卓越

◆勇於決斷 —— 好謀無決，必失大局，果斷出商機

　　成敗往往就在一線之間，一位優秀的操盤手之所以能造就卓越的功績，離不開其果斷的處事風格。抓住機遇，才能創造成功。而優柔寡斷的操盤手，正如詩人歌德（Johann Wolfgang von Goethe）所說，「長久地遲疑不決的人，常常找不到最好的答案。」

　　大概在 2007 年左右，確切的時間我不太記得了。當時我在一家中小企業做操盤手。有一天，一位不太熟的同行業人士找到我，說要和我操盤的公司合作。其實我是很中意這家企業的，他們擁有良好的資源和系統，如果進行策略合作，對我當時的公司很有幫助。但出於謹慎，我仍然回答說：「讓我考慮一下吧！」

　　我本著運籌帷幄的精神，將與該企業進行策略合作的利與弊分別羅列下來，發現利弊是均等的，我不知道該如何抉擇。然後，我陷入長久的苦惱，很難抉擇。

　　最後，我終於得出了結論 —— 在兩個選擇之間無法抉擇的時候，應該選擇嘗試自己從未經歷過的事。不合作的處境我很了解，而合作之後會是什麼樣的呢？我還不知道，我覺得應該答應那個人的請求。於是，我回覆他：「我考慮清楚了，我決定和你們進行策略合作！」

　　對方卻回答：「你來晚了，我們現在已經和別的企業合作了！」

　　我後悔萬分，沒想到自己的謹慎思考、細緻分析，最後結果竟然是錯失良機。所以，在此我想把一句話送給所有的操盤手：如果將我們操盤企業的過程一分為二，前半段謀局的哲學應該是「不猶豫」；後半段謀局的哲學應該是「不後悔」。

　　俗話說「當斷不斷，必受其亂」，就是這個道理。就像下棋一樣，一著不慎，滿盤皆輸。若我當初當機立斷，能幫助公司獲得良好的發展

機會，逃離險境；而我的猶豫令公司失去了這個好機會，留下了無盡的遺憾。

一位優柔寡斷的操盤手，會錯失很多良機，甚至可能會令企業面臨災難性的後果。因此，勇於決斷也是操盤手必備的心理素養之一，是否有決斷力是能否成功操盤企業的關鍵，是操盤手不可或缺的能力。

◆**勇於冒險 —— 優秀的操盤手都是聰明的「賭徒」**

風險與機遇是並存的，任何探索和創新都意味著風險，但創新卻是企業生存發展的首要動力。勇氣放在愚者身上是魯莽，而放在智者身上卻是勇於挑戰。操盤手作為企業的謀局者，如果沒有冒險精神，就很難開啟局面。尤其是當企業遇到困境時，唯有不懼風險，面對挑戰，才能化險為夷。

其實許多企業操盤手心裡都明白：成功與失敗只在一線之間，是成功還是失敗，全看我們是否有決心及勇氣奮鬥到底。無限風光在險峰，風險越大，收穫越大。要獲得最大的收益，就要承擔最大的風險。可是，很多企業操盤手都不願意冒險，因為他們害怕承擔冒險的成本，擔心企業難以承擔冒險失敗的損失，所以一心只想降低風險。這樣的心態對於操盤手是致命的。一個企業要在競爭激烈的市場環境裡生存，猶如逆水行舟，不進則退。降低風險，原地踏步等於慢性自殺，企業要生存發展就必須勇於冒險。

很多企業操盤手在風險面前裹足不前，其實風險越大，競爭越小，收益越大。許多成功的操盤手把冒險當成事業成功的必要條件，冒險就是抓住機遇。成功往往屬於那些勇於冒險的人。

其實，操盤企業、為企業謀局，從某種意義上來說就是一種「賭博」，本身就是充滿風險的。但是這種「賭博」是經由對各種資訊的分析

操盤力篇：如何在組織中成就卓越

和研究後才進行的。開發新產品、制定發展策略的過程中，操盤手如果過於謹慎，會制約企業的發展，此時，操盤手要充分發揮冒險精神、善於冒險、勇於冒險，將企業帶入新的發展境界。

在商業發展歷史上，有很多著名案例都告訴我們，開啟新局面需要冒險。比如，福特開發T型車、馬雲的操盤手曾鳴開發網際網路，都是冒著巨大的風險。後世的人們說他們聰明睿智，把握了時代的脈搏，但在當時他們的做法就是一場「豪賭」。

勇於冒險是優秀操盤手的本色，優秀的操盤手都是聰明的賭徒。這種「賭」並非盲目的冒險，而是經過全面分析和準確判斷之後的博弈，成功的操盤手有自己獨到的眼光和冒險精神。

如果你有孤注一擲的勇氣，冒險之前問一問自己：「我輸得起嗎？」如果你的回答是肯定的，那麼大可放手一試，因為你有承擔失敗的勇氣和實力。如果最壞的結果是你不能承受的，那麼你的冒險就是魯莽的行為，你會一敗塗地，甚至失去東山再起的機會。

強大的感召力 —— 優秀操盤手必備的管理魅力

一個操盤手是否具有感召力，決定了這個操盤手的謀局是否成功。

作為企業操盤手，我們都知道自己的使命是為企業謀劃布局，但要謀劃好陣勢，布下有利企業的局，我們當然還要靠企業團隊的合作。換句話說，我們需要管理好企業的各個團隊。如何管理呢？古人云：「桃李不言，下自成蹊」，當所有人都信服你的時候，管理團隊便易如反掌。

如何讓員工服從指令？如何讓員工對我們心服口服？雖然我們手中有權，但是一味地依靠權力去解決問題是萬萬行不通的。想要成為一名優秀的企業操盤手，「感召力」是第一要素，一位充滿感召力的企業操盤

手，員工怎麼會不信服呢？

感召力，簡單來說就是感化和召喚的力量。感召力是企業操盤手必須具備的領導魅力，也是領導力的最高境界。感召力是員工對企業操盤手的讚賞、尊重和信任，也是操盤手高尚品格的表現。感召力是客觀評價，也是一種心理現象。感召力還展現了企業操盤手對員工的影響力、吸引力和向心力。

感召力的存在和金錢、權力沒有利害關係，它能有效地改變員工的心理狀態和行為模式，讓操盤手的精神滲透團隊，進而統一團隊目標。

操盤手是否具有感召力，決定了其謀局是否成功。現代管理科學之父彼得‧杜拉克（Peter Drucker）曾說過：「管理者的唯一定義是其後面有追隨者。有些人是思想家，有些人是預言家，這些人都很重要，而且也很急需，但是，沒有追隨者，就不會有管理者。」從某種意義上來說，操盤手和員工是一個既對立又統一的概念。感召員工，是企業操盤手最重要的能力。操盤手的感召力越強，被吸引的員工就越多。

感召力的影響力遠遠大於職務權力的影響力，操盤手想要挖掘員工的潛能、達成企業目標計劃，感召力是關鍵。因為，感召力的產生是發自內心的，員工完全自願接受，不僅是上行下效，更是榜樣的力量。

有些人以為，只要有了職位、權力，不就等於擁有了感召力嗎？主管下達的指令，員工能不聽嗎？這種想法大錯特錯。回顧歷史，有些君王雖然擁有至高無上的權力，但依然得不到人民的臣服，民眾揭竿而起，推翻政權，以史為鑑可以明得失，沒有感召力的權力，和「拿著雞毛當令箭」有什麼區別呢？恐怕身在其位，也只會如坐針氈吧。

想要帶人，先要帶心。縱觀成功的企業操盤手，其感召力一定不小，否則很難贏得員工的信任和忠誠。一名員工願意為團隊付出，願意

操盤力篇：如何在組織中成就卓越

為公司賣命，大部分是因為他們有一位富有感召力的領導人，如同向日葵永遠向著太陽，員工們也會對領導者不離不棄。

當我在操盤企業時，曾經有一名主管對我說：「我和你在一起1分鐘，就能感受到你渾身散發出來的光和熱，我之所以工作努力，是因為你身上有一股強大的力量深深地吸引了我。」雖然他的話有拍馬屁之嫌，但從中卻能展現我身為操盤手的感召力效果。一名優秀的操盤手，地位和權力都是次要的，最重要的是能否擁有巨大的感召力，讓員工心甘情願地追隨。

企業操盤手提高感召力的三個技巧。

當然，假如身為操盤手的我們現在還缺乏一些感召力，也不要著急，因為感召力是可以後天慢慢培養的。有位心理學家說過：「每一個人都有一方有魅力的沃土，就等待你去開墾。」若想成為一名優秀的企業操盤手，第一件事就是要儘快提高自己的感召力。

看了這麼多，你是否還在思考如何提高感召力呢？我們可以從以下幾個方面入手：

◆與員工進行情感交流

根據心理學，人的行為不僅受理智的控制，還受到情感的支配。操盤手要有效行使自己的權力，關鍵就在能否與員工進行正常的情感交流，形成團隊合力。企業操盤手和員工的距離越近，員工就越信服操盤手，操盤手的感召力就越強；反之，操盤手一味地獨斷專權，絲毫不考慮員工的感受，感召力自然也就不存在了。

◆要學富五車，與時俱進

培根（Francis Bacon）說：「知識就是力量。」豐厚的知識儲備讓企業操盤手在管理企業時遊刃有餘，在帶領企業前進時運籌帷幄、胸有成

竹。員工對操盤手的信任度，某種程度上也取決於知識水準。因此，操盤手可以不全能，但是一定要學富五車，與時俱進，才能在企業發展道路上做一個優秀的領路人。

◆ 要浩然正氣，以德服人

　　古人云：「愛人者，人恆愛之；敬人者，人恆敬之。」高尚的品格也是一個企業操盤手需具備的品質。假如一個操盤手，不懂得如何尊重員工，如何體諒員工，表裡不一，把企業交到這樣的人手裡，豈不是自掘墳墓？企業操盤手要浩然正氣，以德服人，這裡的「德」就是指「品格高尚」。操盤手良好的情操能潛移默化地影響員工，讓企業充滿正能量。

　　操盤手的感召力是管理員工、提升向心力的基礎。能力各異的員工就像是一盤散沙，而操盤手的感召力就像是水泥，讓散沙成為一團堅實的混凝土，為企業實現美好的藍圖。優秀的操盤手們，讓自己擁有強大的感召力吧，這樣你就能聚沙成塔，讓企業的明天更加燦爛！

敏銳的洞察力 —— 優秀操盤手的重要素養

　　洞察力是企業操盤手必須具備的重要素養，往往展現在其策略思維。

　　在洞察力方面，我最敬佩的是蘋果公司的史蒂夫・賈伯斯（Steve Jobs）。當賈伯斯還在上大學時就敏銳地意識到，個人電腦將會改變世界，於是他毅然地放棄學業，創辦了全球第二大電腦公司 —— 蘋果公司，自此開創全球個人電腦時代。

　　在蘋果公司創業初期，賈伯斯作為企業操盤手，因對公司發展前景的看法不同，與董事會發生衝突，被迫離開蘋果，但離開蘋果公司並不

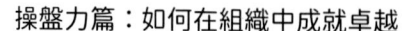

意味著放棄自己的夢想，憑著對資訊產業敏銳的洞察力，儘管耗光所有積蓄，也不能阻擋他創造一系列全新的電腦技術平臺和商業模式，並在十年後成功地挽救當時瀕臨破產的蘋果公司。如今的蘋果已經是一個時代的代表，賈伯斯深入人心，他或許不是一個最成功的企業家，但他一定是全球最有洞察力的企業操盤手之一。是他的敏銳創造了蘋果，挽救了蘋果，並讓蘋果一直走在潮流的前端。

正因賈伯斯敏銳的洞察力，他們才能創造跨時代的新產品，滿足市場的龐大需求，根據不斷變化的潮流尋找發展機會……他們擦亮了眼睛，清楚自己要做什麼才能獲得成功。正因如此，肯尼思・奧爾森（Kenneth Olsen）創辦了數位設備公司（Digital Equipment Corporation），生產比 IBM 更便宜的電腦；奧斯卡影帝勞勃・狄尼洛（Robert De Niro）將布魯克林海軍造船廠變成東海岸成功的電影製片廠。

所謂洞察力，是指人的感覺靈敏、眼光銳利、反應迅捷，能夠清晰地看見事物的本質。很多時候，洞察某一事物就是一瞬間的茅塞頓開，所有的迷霧就此消散，真相清楚地擺在自己面前。此一過程並不像在尋找某樣東西，而更像是讓腦中預先形成的概念更加完善。

作為一名操盤手，洞察力是必須具備的重要素養，往往展現在策略思維方面。當我們能夠敏銳地捕捉到對利潤成長有意義的變化及徵兆，針對現象提出策略轉型，那麼我們就能為企業布下一盤好棋。

洞察力取決於操盤企業的過程中所培養的邏輯分析、知識技能、行業熟悉程度等能力的高低。反過來說，在這些因素中，有時也因某種能力相對比較強，而產生與之相關的特有洞察力。邏輯性強的操盤手可能更善於釐清各種複雜關係，從中洞悉本質，找出發展線索；知識技能強的操盤手則可以在技術層次上把握走向；對行業熟悉的操盤手則善於從

市場發展的角度看待問題。

操盤手需要有敏銳的洞察力，以便在適當時機作出決策，但這並不代表不需經過研究考察，便匆忙下結論，或者對不足為奇的小事做出過度反應，更不是僅憑自己想像捕風捉影，無中生有。我們需要觀察市場的一舉一動，透過分析、研究，有依據地做出合理反應。

在我操盤企業的經驗中，我發現洞察力有著十分關鍵的作用，貫穿操盤企業的各個方面。比如，當我們為企業作策略和頂層設計時，洞察力可以幫助我們觀察業界的發展方向、尋找企業的競爭優勢、創造高效的核心團隊、確定企業產品的發展方向和服務範圍等。針對企業發展所做的每一個布局和謀劃都是對操盤手洞察力的考驗。如果我們不具備這項能力，則無法帶領企業在激烈的市場競爭中把握時機，形成有效的發展策略，也無法洞悉企業發展中的內、外部問題，就更別說引領企業發展了。

洞悉本質，透過掌握第一手資訊，更妥善地為企業謀劃布局，推動企業不斷發展。

那麼，優秀操盤手敏銳的洞察力是天生就具備的嗎？在面對同樣情況，處理同樣的問題時，優秀操盤手往往能未雨綢繆，見機行事，採取果斷決策，防患於未然，而有的人卻反應遲鈍、行動緩慢，處處被動，延誤商機。前者的天賦高於後者嗎？或許有天賦異稟者，但實屬鳳毛麟角，更多的人是透過後天培養來獲得敏銳的洞察力。

下面的幾點建議，也許可以幫助操盤手們培養自己的洞察力：

◆ **累積經驗和閱歷**

操盤手是否擁有敏銳的洞察力，與其經驗和閱歷息息相關。洞察力需要經由實戰經驗，不斷地總結歸納得出，而不是閉門造車，紙上談兵，僅憑自己的知識理論，是不能提高洞察力的。

操盤力篇：如何在組織中成就卓越

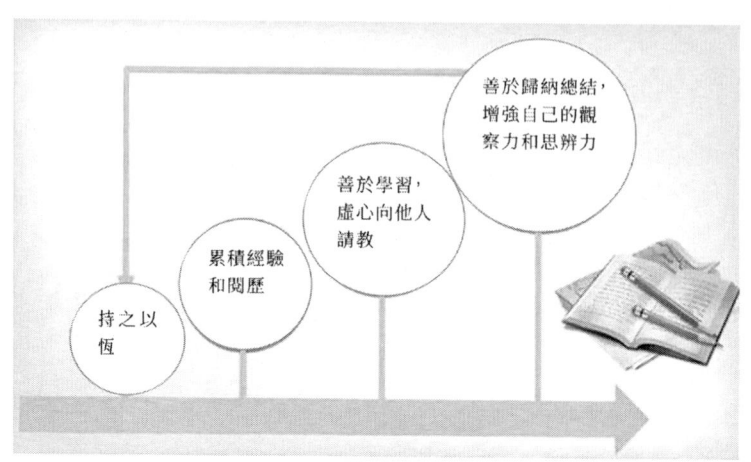

圖 3-3 操盤手培養洞察力的方法

◆ **善於學習，虛心向他人請教**

所謂「三人行，必有我師焉」，每個操盤手都有自己對市場獨到的見解，尤其是那些經過長期實踐、對市場有較深認識的同仁，更是我們虛心請教的對象，間接經驗的累積對自身洞察力的提高也十分有幫助。

◆ **善於歸納總結，增強自己的觀察力和思辨力**

不放過生活中的各個方面，包括看電視、讀報紙、網路學習以及其他業務交流和專業知識學習，善於將零碎資訊歸納總結，並將資訊結構化，都能有效提高洞察力。

◆ **持之以恆**

做任何事情都貴在堅持，洞察力的培養並非一朝一夕即可取得成效，尤其是在遇到困難和挫折時，堅持更為重要。要保持旺盛的精力，歸納經驗教訓，假以時日，洞察力將不斷提高。

最後，我想說的是，作為一名合格的操盤手，洞察力是不可或缺的能力，是確保我們操盤企業成功的先決條件之一，更是複雜的現代社會

活動對操盤手提出的基本要求。只有具備敏銳的洞察力，才會對外界事物進行細緻深入的了解，洞悉本質，掌握第一手數據，更妥善地為企業謀劃布局，推動企業不斷發展。而自身洞察力的提高，需要我們付出更多的努力才能實現。

科學的統籌力 —— 優秀操盤手的必備能力

企業操盤手的眼光要看到整個樹林。

作為企業操盤手，除了必須具備洞察力之外，科學的統籌力也是不可或缺的。

作為企業謀局者，我們需要解決企業發展過程中面對的諸多問題，有時看似一個問題的背後，有一堆問題隨之而來。若沒有很好的統籌力，在解決問題這場戰役中，必然是以失敗告終。

科學的統籌力，對操盤手有較高的要求。我們在處理問題的時候，不僅要找出其中的主要問題，集中解決，同時也不能忽略任何一個小細節，應講究細緻周到，也就是所謂「大處著眼，小處著手」。這是一名合格的操盤手應有的統籌素養，也是操盤手有效領導核心團隊、形成高效工作局面的必然要求。

在企業操盤手的圈子裡，有這樣一句格言「眼光要看到整個樹林」，便是指操盤手要有大局意識。話說如此，但在現實中，我經常看到有些操盤手重視了樹林卻忽視了樹木，看到了大問題所在，卻無法妥善兼顧細節。試問：沒有樹木，何談森林？因此，操盤手在解決每一項複雜的問題時，一定要從每一個細節開始，先把時間恰當分配到每一個問題上，並集中精力，聚焦問題、各個擊破，最終解決所有問題。

操盤力篇：如何在組織中成就卓越

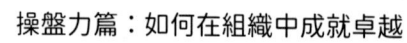

修練統籌力的三個核心。

那麼，我們應該如何培養周密、細緻的統籌能力呢？結合我多年的操盤手經驗，我總結出以下幾種辦法，希望能夠幫到你：

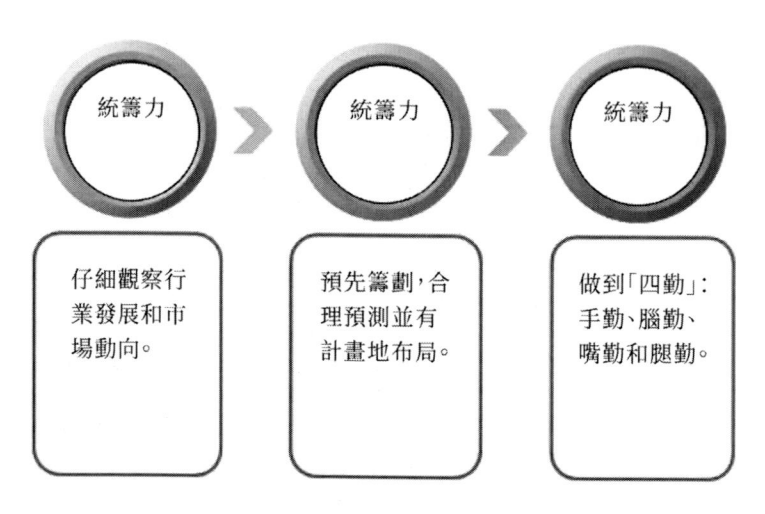

```
統籌力 > 統籌力 > 統籌力
仔細觀察行   預先籌劃，合   做到「四勤」：
業發展和市   理預測並有   手勤、腦勤、
場動向。     計畫地布局。  嘴勤和腿勤。
```

圖3-4 操盤手修練統籌力的三個核心

◆仔細觀察行業發展和市場的動向

細心觀察行業發展和市場動向，提高自己的統籌力，密切關注行業動態，細緻入微地了解企業的各種情況，遇到問題時，做到不僅同步甚至是超前擬定措施，緩解危機。

除此之外，我們應注意觀察生活、了解社會，徹底地了解市場。如此一來，我們就能提前預見事物的發展脈絡，未雨綢繆，有效地規避風險。

◆預先籌劃，合理預測，有計畫性地布局

古人云：「先謀後事者昌，先事後謀者亡。」也就是說，凡事若能在實施之前布下一盤好棋，做起事來才會有章可循，有條不紊，因此我們

必須合理預測、有計畫性地布局。唯有預先籌劃，才能充分預估各種可能的危機，提前做好應急備案，當危機真的發生時，能夠胸有成竹，臨危不亂，使後續工作有條不紊地進行下去。畢竟，在事情發展的過程必然會遇到各式各樣的問題，我們要在問題來臨時迅速出擊，將預先謀劃好的策略與對策火速投入實戰，將問題迎刃而解。所以，預先籌劃和設計方案的能力是操盤手必備的素養。

◆做到「四勤」

「四勤」是指手勤、腦勤、嘴勤和腿勤。

具體而言，手勤就是要隨時隨地做好工作預備和資料收集，做到有備無患。

腦勤就是要多思考、多動腦。儘量設想企業發展中可能遇見的問題，並不斷地探索解決之道，當然，還包括處理突發事件時，腦袋的靈活迅速。

嘴勤就是要主動向有經驗的同事、老闆或其他操盤手詢問企業及行業領域各方面的情況，尤其是遇到問題時，要多溝通協調，保證訊息暢通。

腿勤則是操盤手要理解實際運作狀況，儘量到基層一線實地了解真實情形，了解事物發展的過程，從而使自己的布局更貼近企業現實，真正做到細緻周詳，符合企業發展的策略。

「四勤」是操盤手的必備素養，它能夠幫助我們更全面了解情況，使操盤手掌握企業發展的全方位的訊息，使布局能夠有的放矢，目標明確。同時，它還會促使操盤手改進工作風氣，營造積極向上的工作氣氛，形成良好的企業文化。

操盤力篇：如何在組織中成就卓越

超強的決策力 —— 優秀操盤手的首要智慧

超強的決策力是企業操盤手最有力的武器。

美國著名學者赫伯特・西蒙（Herbert Simon）曾說：「決策是管理的心臟。」充分說明了決策力對一名企業操盤手的重要性。古人云：「將之道，謀為首。」我的理解是：想成為一名合格的企業操盤手，首先得有謀略。也就是說，身為操盤手，我們要有超強的決策力。

操盤企業的過程中，決策力始終貫穿其中，它是我們操盤企業的核心能力，是我們必須具備的首要智慧。關於決策力的重要性，我曾看過一份統計報告：企業多一個勞動力，就能多 1.5 倍的經濟效益，多一名技術人員，就能多 2.5 倍的經濟效益，而多一位高層決策者，則能多 6 倍的經濟效益。

幾年前，我在一家科技公司擔任操盤手，該公司是一家數位產品製造商。當時，我發現年輕人經常一邊運動、一邊聽音樂，因此萌發了生產一種可以放在口袋裡邊聽歌邊做任何事情的產品的想法。在沒有做任何市場調查，或者民意測驗的情況下，我大膽做出決策，為企業制定了產品開發策略。事實證明我的決策是正確的，當新產品一經開發出來，就成為當時的「熱銷款」，銷售額占了其他產品的一半。

後來，當我在回憶自己當時的這番經歷時，認為最大的成功莫過於超強的決策力。如果我當時優柔寡斷，沒有即時做出決策，就會失去這個搶占市場的機會。

所以，身為操盤手，超強的決策力是我們最有力的武器。這種能力就是我們能看到別人看不到的市場，獲得別人獲得不了的盈利，並且把這些想法轉化為現實。也就是說，能否透過自身的決策使企業連續盈利，是我們能否成功的關鍵所在。

誠然，並非每一位操盤手都擁有超強的決策力，它仰賴優良的決策

基因。什麼是決策基因呢？根據我的經驗，我認為優秀的決策基因至少包括以下四個方面：

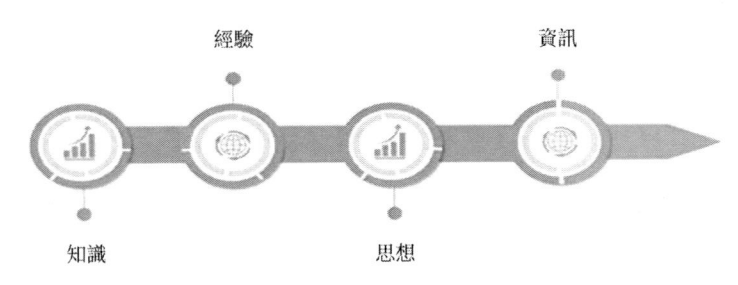

經驗　　　　　　　資訊

知識　　　　　　思想

圖 3-5 優秀操盤手的決策基因

操盤手透過獲取知識、長期的操盤經驗、以及分析問題、認識問題的思路，加上與他人的溝通觀察，進而做出正確的決策，促進企業的發展。決策基因的四個部分相互影響，共同發揮作用，脫離了任何一個環節，決策都不可能正確。

脫離了知識，很難做出高層次、複雜的決策方案；脫離了經驗，做出的決策很可能跟不上社會發展的節奏；脫離了思想，很難讓決策具有完整性；脫離了訊息，讓決策符合實際情況更是天方夜譚。

「決策基因」是企業操盤手寶貴的資產，知識就像是遞延資產，需要不斷地更新；經驗就是固定資產，讓自己不斷升值，並長期發揮作用；思想是無形資產，它把其他三個因素緊緊地融合在一起；資訊則是流動資金，資訊量越大，決策就越正確，越有影響力。

企業操盤手在做決策前要掌握全面資訊，從整體大局的利益出發做出決策。

除了決策基因，在實際操盤過程中，我們應該如何擁有決策力呢？換句話說，我們應該如何保證自己的決策是正確的呢？以下我將傳授我做決策時所用的技巧，希望對你有所幫助。

操盤力篇：如何在組織中成就卓越

◆決策前要掌握全面資訊

現代決策理論的首創者——西蒙（Herbert A. Simon）認為：「決策過程中至關重要的因素是資訊，資訊是合理決策的生命線。」對此我深有同感。在我做決策時，資訊量越大，做出的決策就越正確，企業承擔的風險就越低。

所以，資訊量的多少決定著操盤手決策的正確度。那麼，我們應該如何收集資訊呢？以我多年的經驗，任務資訊和背景資訊很重要。這兩種資訊都影響著決策的制定，然而操盤手依然要分辨自己真正需要的是哪些資訊。

首先，我們來了解一下任務資訊。所謂任務資訊就是指完成任務時需要掌握的資訊。任務資訊有三種主要表現形式：

有關工作職務的基本資訊	回饋訊息	與提高工作中所運用的技能和知識有關的資訊
• 例如任務說明和任何有關的背景資料	• 這類訊息必須以便於利用的方式，即時、準確地傳遞給使用者	• 包括培訓資料在內

圖 3-6 企業操盤手在做決策之前要掌握任務資訊

接下來我們來看看背景資訊。企業宗旨、相關產業資訊、高階主管之間討論的策略資訊等都屬於背景資訊，背景資訊可以幫助操盤手判斷自己的決策是否和大環境相符，是否有利於企業發展。背景訊息可確保操盤手看待問題時從大局出發。如果沒有背景資訊，操盤手做出的決策就會脫離實際，成為空談。

如今的市場是一個資訊的市場，正是這些五花八門的資訊讓商場更

豐富、更精彩。然而，這也是個瞬息萬變的社會，複雜的商場環境，真假難辨的資訊經常讓企業操盤手進入兩難的境地，甚至是多難的境地。

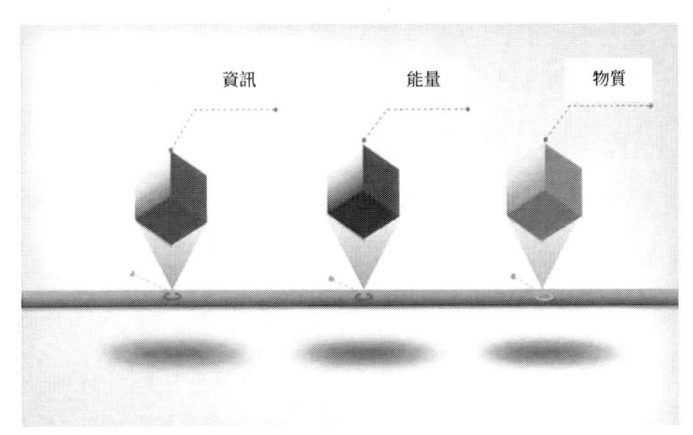

圖 3-7 資訊和能量、物質並列為當代三大資源

資訊和能量、物質並列為當代三大資源，和其他兩種資源一樣，資訊的獲得必然要付出代價，假如某種資訊帶來的價值彌補不了獲得資訊的成本，那就是失敗的資訊。

綜合以上兩個方面，不管是因為大量的無效資訊擴大了決策難度，還是高昂的資訊成本讓決策變得舉步維艱，都讓企業操盤手面臨著巨大的挑戰。目前，有大量企業投入鉅額資金對企業進行資訊化改造，期望為操盤手提供更多有價值的資訊，結果，適得其反，大量的雜訊反而增加了企業的營運成本。

因此，在當前的大環境下，企業操盤手不僅要拿捏獲得訊息與付出成本之間的比重，還要有效地利用資訊做出符合期望的決策。不妨大膽想像一下，假如我們可以化繁為簡，把長篇大論濃縮成一張紙，甚至讓操盤手們看看動漫就能做出決策，當這樣的時代來臨了，還怕決策沒有效率嗎？

操盤力篇：如何在組織中成就卓越

◆做決策要從大局利益出發

　　企業操盤手在決策的過程中，要始終統攬大局，把握好企業發展的大方向，從整體出發看到問題，不應局限於某個枝微末節，更不應把問題孤立出來。假如操盤手意識不到問題的嚴重性，將影響企業的整體發展，延遲企業的成長速度。

　　我雖然強調大局觀點在決策當中的重要性，但並不意味著就可以完全忽略區域性。實際上，區域是整體的基礎，沒有區域，何來整體？忽視區域的重要，整體的發展也不會達到理想的效果。

　　特別是在某些問題上，部分直接影響著整體的效果。「木桶原理」相信大家都了解，講的就是區域性的影響力。一個木桶能能裝多少水，和最高的那塊木板沒有關係，最終取決於最短的那一塊。同樣，一個企業整體效益的大小，往往由「短板」來決定，比如供應鏈、資金鏈、銷售管道等。解決了「短板」，整體情況就會有很大的轉變。因此，在決策過程中，操盤手應在堅持整體的前提下，適當地考慮區域性的因素，把區域性的影響放到大局之中去考量和權衡，解決區域性問題的同時亦力求達到整體性效果。

　　要特別提醒大家的是，我們切不可急功近利，看到一點點區域性的蠅頭小利就心花怒放，一名優秀的操盤手應當具備整體性的眼光，看清利弊，在決策時，要使用「顯微鏡」，遠離「放大鏡」。

堅決的執行力 —— 優秀操盤手的基本修養

　　決策始於行動，沒有行動，決策就沒有任何意義。

　　在我多年的操盤生涯中，大多數的決策情境，都處於必須做決策和可以不做決策之間，簡單來說，有的問題雖然部會自行消失，但是也不

會像滾雪球那般，越來越嚴重。對於這種問題，通常只需要一些小小的改進就行了，不用採取大動作。當然，如果有解決的辦法，能夠徹底解決問題更好。

在這種情況下，通常要先衡量一下後果，是採取行動的後果嚴重，還是任其發展的後果嚴重？雖然沒有絕對正確的公式供套用，但是，有兩條原則可以幫我走出困境：

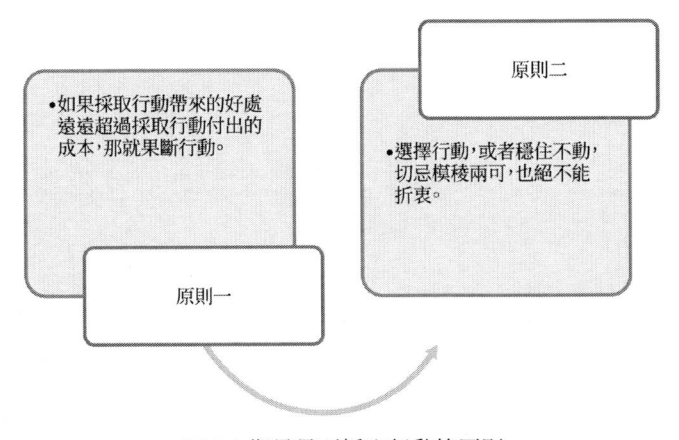

- 原則一
  - 如果採取行動帶來的好處遠遠超過採取行動付出的成本，那就果斷行動。
- 原則二
  - 選擇行動，或者穩住不動，切忌模稜兩可，也絕不能折衷。

圖 3-8 衡量是否採取行動的原則

例如一個病人在做手術，如果醫生只摘除一半壞死的器官，病人的病情並不會好轉，說不定還會惡化。醫生應該全部摘除，或者選擇不做手術，在生死攸關的大事上，是絕對不能折衷的。

對於一位合格的企業操盤手來說也是一樣，選擇採取行動，立即解決問題，或者按兵不動，靜觀其變。假如行動到一半，半途而廢，既沒辦法達到要求，又回不到最初的情況，此時的狀況也許更糟糕。

經由對不同選擇的討論以及對得失做出權衡之後，再做決策就容易多了。到了這一步，所有的事情都水到渠成，該怎樣行動一目了然。

雖不能說藥都是苦的，但良藥確實苦口。同理，我們不能說所有的

操盤力篇：如何在組織中成就卓越

決策都讓人很不愉快，但是最有效的決策，往往是讓人產生厭惡感最多的。

到了這種地步，有件事我們一定不能做，就是向外來的壓力低頭，更不能妥協說：「那我們再考慮一下。」如果這樣說了，那問題就解決不了了。面對「再考慮一下」的說法，我通常是這樣回應：「是否考慮過後就能找出更行之有效的辦法？就算找出了辦法，那個時候還是解決問題的最佳時機嗎？」如果答案是否定的，那麼我就不要再猶豫了，不能因為自己的懦弱而浪費別人的時間。

操盤手要成為執行的指揮官。

企業操盤手在執行中扮演著非常重要的角色，我們就像是企業的指揮官，負責監督和控制任務的執行。作為一名企業操盤手，應該從總體出發，掌握企業發展的大方向，而不是在一些瑣碎的事情上浪費時間。我們首先要把自己變成一個執行者，才能提高整個企業的執行力，讓企業在競爭中大獲全勝。

我操盤過近十餘家企業，而我的成功就在於我的執行力。我曾經操盤過一家電子公司，該公司是以生產印表機為主。剛開始操盤該企業時，我就提出列印解決方案，站在企業經營的角度提高列印效率，三年後，我在數十個不同行業提出「隨需應變」商用列印方案。可以肯定地說，企業的發展策略完全展現了我的執行力。

首先，我在列印領域布下完善的產品線，可以保障為使用者提供各種解決方案。因此，企業的執行策略是圍繞客戶整合資源，而不是按照產品或者地域分布來劃分資源。

同時，我也注重透過辨識客戶需求和列印業務流程細分，對現有產品進行改革和再設計，在產品、客戶和技術研發等各因素之間實現決策

的平衡。企業因此得以發現客戶價值，繼而分析技術和財務的因素後，直接進入執行階段。

其次，我花了很多時間解決部門官僚的問題，為此，我在公司內部強調統一的跨部門管理。這些跨部門的管理有效地推動內部溝通和協調，並保障了公司的執行能力。

在組織架構以及人事獎勵等方面，我提倡使員工的能力得到最大程度的發揮；在訊息溝通方面，則致力於整體價值鏈的溝通，我認為這樣可以使公司的經營更高效。同時，我還非常關注競爭對手的動態，當企業的競爭對手推出集中式的商用列印解決方案時，我立即開始研究分散式辦公環境中以低成本列印的解決方案。我還專門成立了技術和服務部門，擬定全球市場策略，5個月內就使這個計畫產生了良好的執行效果。

透過我一系列堅決的執行，使企業在列印技術方面具有絕對領先的地位，建立起列印問題解決和列印技術方面的專業度，我在企業強調執行力的重要性，以此推動了企業發展。因此，企業操盤手的執行風格對整個公司的執行力有很大的影響，只有操盤手的執行力提升了，公司的執行力才能有所提高，進而在競爭中占據有利地位。

強大的人脈 —— 他山之石，可以攻玉

找到你的商業貴人。

馬雲之所以能成為一個創業傳奇，和一個人有著密不可分的關係，這個人就是孫正義。甚至有人說，沒有孫正義就沒有馬雲和阿里巴巴，雖然這樣的說法實在有點誇張，但由此也能看出孫正義對馬雲的重要性。

孫正義是軟銀公司的創始人，是當今數位化資訊革命里程碑式的人物，被稱為「日本的比爾‧蓋茲」。他在不到二十年的時間裡，創造了無

人能敵的網路產業帝國。在全球網際網路界，孫正義可以說是「大神」級的人物，他以一己之力在日本掀起網際網路風暴，並選擇投資雅虎，在43歲時成為亞洲首富，總資產高達300億日元。在中國，包含阿里巴巴等眾多入口網站幾乎都有孫正義的投資。

2000年10月，馬雲收到了摩根史丹利亞洲公司資深分析師古塔發來的一封電子郵件，信件裡提到，「有個人你一定要見一面，日後一定對你有幫助。」郵件裡提到的這個神祕人就是孫正義。

在這次會面中，不僅有來自軟銀、摩根史丹利和眾多網際網路公司的執行長，還有許多中小企業的代表，有人為了融資而來，有人為投資而來。因為前來面談融資事宜的公司太多了，孫正義只給每位20分鐘的時間來闡述自己的觀點。

看到這樣的情形，馬雲對這次會面的興趣一下子淡了不少。但是當投影機畫面出現阿里巴巴網站頁面後，馬雲還是走上講臺，耐心的講述了阿里巴巴的情況。6分鐘以後，馬雲被打斷了。

孫正義很感興趣地問馬雲：「你要多少錢？」

馬雲很耿直的回答：「我不要錢。」

孫正義聽了馬雲的話感到很詫異，說：「你不要錢？今天為什麼來？」

馬雲回答：「不是我要來的，是一個朋友要我來找你的。」

這段對話在現在看來，頗有戲謔的成分，但是真正戲劇性的不只是這段簡單的對話。儘管在這次會面之前，馬雲已經有了500萬美元的投資，但在網際網路「瘋投」的時代，這點錢無疑是杯水車薪。無數的網際網路公司拚命地向孫正義展示自己的魅力，就是為了獲得投資，只有馬雲例外。但或許是馬雲那無所謂的態度，歪打正著地刺激了孫正義，他

決定投資阿里巴巴，還邀請馬雲去日本與他詳談。

2000年底，經過多次和馬雲的溝通以及對阿里巴巴的深入調查，孫正義決定向阿里巴巴投資3000萬美元。在當時是個非常大的數字，這則新聞在當時的網際網路界迅速「炸」開，人們都說馬雲這次是走「狗屎運」了。2001年1月，軟銀與阿里巴巴正式簽約，達成投資意向。由軟銀入資3000萬美元幫助阿里巴巴拓展全球業務，同時，還在日本和韓國建立了合資企業。

從此，阿里巴巴開始了全球發展策略。由此可見，孫正義的確是馬雲創業路上的貴人。馬雲曾說：「我很榮幸有緣與孫正義先生握手。若是沒有這次握手，阿里巴巴和淘寶網的事業不會像今天這樣順利展開。」

什麼是貴人？在操盤手的人脈資源中，只要是對我們有幫助的人，都可以是我們的貴人。

在我做操盤手的這麼多年裡，我總是會使出渾身解數去結識這個行業裡的貴人，虛心向前輩求教，仔細聆聽他們的教誨，向他們索取名片，把這些當作是重要的人脈資源儲備起來，以便在關鍵時刻發揮作用，幫助自己走出困境。

企業操盤手在謀局的過程中能有良好的人脈資源，布下的局就能事半功倍。

古人云：「近朱者赤，近墨者黑。」我們多結交貴人，耳濡目染，自己也會變得優秀。把自己和貴人對比一下，就能發現差距在哪裡，貴人是我們的學習榜樣，他們的成功不斷激勵著我們奮鬥。凡是商場上的貴人，他們有著強大的資源及人脈，如果我們能和這些貴人保持融洽的人際關係，無疑是為自己的事業插上了翅膀。在關鍵時刻，這些人能助我們一臂之力，擺脫困境。總之，多和貴人交往，對我們來說有百利而無一害。

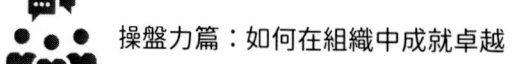

然而，在現實中這些貴人都有自己固定的社交圈，一般人很難融入到圈子裡。而且，一個剛做操盤手的人大多是無名之輩，想進入這個圈子就更難了。雖說如此，但事在人為，事情成與不成完全看自己有沒有用心去做。

比如，在與某位商業貴人交往之前多做一些「功課」，了解貴人的喜好，然後託人引薦，多多參與社會公益活動，凸顯自己的存在感，如此一來便有很大的機會能結識到這些貴人。當然，並不是認識之後就萬事大吉了，我們還要讓對方留下一個好印象，死纏爛打是最不可取的，只會適得其反。想和貴人建立關係，只透過一次交流肯定是不現實的，畢竟像馬雲這樣的好運並非人人都擁有，我們應該多創造一些機會，透過多次接觸，才能建立堅實的關係。

如果操盤手在謀局的過程中能有良好的人脈資源，那麼布下的局就能事半功倍。有良好的人脈資源做後盾，在操盤企業的時候，就多一些人為我們指點迷津，讓我們下好「謀局企業」的這盤棋。

第 4 章　初來乍到，困頓之局，精彩開局

企業操盤手的開局非常重要。所謂開局，就是操盤手走的「第一步棋」。很多操盤手不注重開局術，面對企業的困頓之局，急於表現，導致接下來的布局完全無法發揮效果。開局到位，就不會在中盤布局時遭遇瓶頸，減少收局時受控制的可能。企業操盤手該如何破局，是本章將要涉及的重點。

破局第一步：設計機制引導團隊，推動企業快速前進

良好的機制不僅能推動企業快速發展，更是企業操盤手破局的第一步。

當我們修練成一名合格的，乃至優秀的企業操盤手後，接下來要做的就是破局。所謂破局，就是當我們面對未來的大局勢和企業的新常態，該如何以最快的速度解決企業的燃眉之急，開啟局面，為接下來的謀局做好準備。

那麼，對於企業操盤手來說，破局的關鍵在哪裡？說到這裡，我想問問大家，什麼才是企業發展的核心力量和動力之源？想必大部分操盤手會回答「團隊」。是的，就是團隊。既然團隊是企業發展的核心力量，那麼，身為操盤手，應該如何激勵團隊，讓他們按照我們的意願自願自發、高效工作，推動企業快速向前？如何在實現企業既定目標的同時，又能實現員工的自我價值？我的回答是：用機制去引導團隊。

多年前，我曾經為一家電子公司擔任操盤手。這是一家生產手機零

配件的公司，我剛開始做此企業的操盤手時，其工廠每天生產各大手機品牌的零件，然後再把這些零件拿到富士康這樣的大企業組裝成手機。由於原料、運輸成本不斷上漲，公司的生產成本不斷攀升。因此，降低成本成了最急需解決的問題。

如何做才能降低成本呢？因為原料、運輸成本都屬於不可控因素，所以提高配件利用率就成為很現實的選擇。經過一段時間的調研，我發現：該公司的零件利用率很低，核心原因在於工人的用心程度不夠。為什麼會這樣呢？原來，工人每天都做著同樣的工作，領取固定的薪資，因此工作積極性並不高，更不用說會想辦法提高零件利用率了。

對此，我重新設計了企業的獎勵機制：將工人原來每月固定的薪資作為基數，如果能想辦法提高零件利用率，即可拿到相應的分紅獎金。獎勵機制一改變，工人的積極性立即提高，總是會主動想各種辦法來提升零件利用率。以前把零件做完，就在一旁消磨時間……在原本的機制下，大家不僅喪失了工作的積極性，而且很多時候原材料使用不充分，浪費很多材料。現在，工人們則會想盡辦法提升零件利用率。

三個月之後，我請人進行統計，最後發現：與之前相比，現在企業的零件利用率提高了 50%，生產成本降低了 30%，而多支付給工人的分紅獎金卻只增加了 10%。

經由這個經驗，我得出一個顯而易見的結論：良好的機制不僅能推動企業快速發展，更是破局的第一步。

企業操盤手設計企業機制的三個核心。

既然破局的第一步是設計良好的機制，那麼該如何設計呢？透過實踐與研究，我認為以下三點非常重要：

第 4 章　初來乍到，困頓之局，精彩開局

機制設計要順應企業中的「民心」、「民意」

操盤手設計機制時要可攻可守、可進可退

好的機制＝激勵＋約束

圖 4-1 企業操盤手設計企業機制的三個核心要點

◆機制設計要順應企業中的「民心」、「民意」

　　企業操盤手設計機制的核心著眼點在於順應人的需求，在於現有機制框架下對未來實現自我價值的追求。機制的設計能夠順應企業中的「民心」、「民意」，員工就能自動自發地幫助企業實現既定目標；反之，員工就會失去工作的積極性，企業發展因而遇到阻礙。

　　我曾看過不少企業操盤手抱怨自己的員工，覺得他們不努力、不勤奮，更不懂得感恩。殊不知，企業本身的機制就存在很大的問題。現實情況是，如果我們將員工定位為受雇者，那麼員工就會有受雇者的心態和思考方式；如果我們將員工定位為企業的主人，那麼員工就會將自己視為企業的主角，進而自願自發地去努力實現企業的既定目標。

　　我認識的一位操盤手張總就曾為此苦惱。他始終無法理解，為什麼自己一手培養的核心高階主管、公司的行銷總監李總會離職。李總的離職讓公司的行銷業績大幅下滑。難道李總對自己辛苦數年打造的公司沒有一點感情？這讓張總痛苦不堪。

　　根據張總表示，李總是公司的元老級員工，當年公司只有兩、三個人

時，李總就加入了公司，並負責銷售業務。經過四、五年的努力打拚，他為公司在市場上「開疆拓土」，並打造了一支規模上百人的行銷隊伍。張總自認沒有虧待過李總，不僅讓他坐上了行銷主管的位置，還把他的薪酬提升了數十倍。除了常規的年薪，李總還可以享受專門的團隊業績獎勵。

「這樣難道還不夠嗎？」張總向我提出了自己心中的疑問。我並沒有急於回答，而是問了張總一個問題：「那你有沒有給李總股份呢？」「沒有！」張總回答得非常乾脆。其實，這就是問題所在了。

身為公司的元老級員工和核心高階主管，竟然沒有自己公司的股份。李總的離職再正常不過了。因為在這家公司，李總雖然是公司的核心主管，但在公司內部的定位仍然只是個受雇者。如果說李總以前只是擅長行銷業務，然而經過四、五年的努力之後，他已經掌握了創業的一整套成功因子，又有很好的人脈和資源的累積，卻享受不到相應的待遇，那麼他為什麼不能離職，為自己尋找更好的選擇呢？

由此可見，對於企業的核心高階主管，簡單的薪酬獎勵有時候無法有很好的效果。這時，操盤手就需要實行新的激勵機制，比如股權獎勵，藉以留住核心人才。讓優秀的人才成為企業的股東，成為公司的半個老闆。即便他們有離職的念頭，也會考慮代價成本，不會輕易離開。

◆ **操盤手設計機制時要可攻可守、可進可退**

一般來說，企業的機制包括以下三個方面：

操盤手在設計機制時，既需要考慮中、短期，又要考慮長遠，既要有策略上的規劃，又要有戰術上的考量。例如，我們為一位核心高階主管設計相應機制時，既需要考慮給予他多少薪資薪酬、獎金、分紅比例，又需要考慮應該給予多少股份來激勵他，還需要考慮設計怎樣的規章制度約束他的不良行為等。

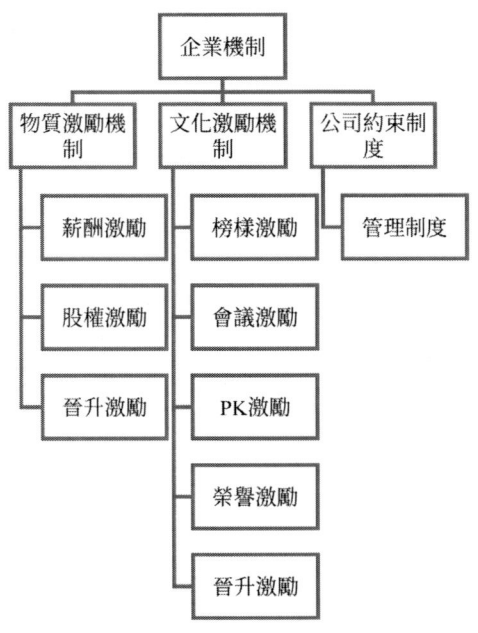

```
                    企業機制
         ┌────────────┼────────────┐
    物質激勵機        文化激勵機      公司約束制
      制              制            度
      │               │             │
   ┌──┴──┐        ┌───┴───┐     ┌───┴───┐
   │薪酬激勵│      │榜樣激勵│     │管理制度│
   └─────┘        └──────┘     └──────┘
   ┌─────┐        ┌──────┐
   │股權激勵│      │會議激勵│
   └─────┘        └──────┘
   ┌─────┐        ┌──────┐
   │晉升激勵│      │PK激勵 │
   └─────┘        └──────┘
                  ┌──────┐
                  │榮譽激勵│
                  └──────┘
                  ┌──────┐
                  │晉升激勵│
                  └──────┘
```

圖 4-2 企業機制的內容

而要成功設計企業機制,就需要操盤手具有系統性思考。什麼是系統性思考呢?操盤手在設計企業機制時,必須全方位、多角度地進行長遠考慮,做到可攻可守、可進可退。企業機制應是多種機制的組合,可以發揮其自身的優勢,彌補單一機制帶來的不足,進而實現企業的「自轉」。

◆好的機制=激勵+約束

企業的機制設計要順應員工需求,操盤手在設計機制的時候需要從人性的角度來思考。關於人性,自古以來就有兩種說法:一種是以孟子為首的「性善論」,一種是以荀子為首的「性惡論」。到底是人性本善,還是人性本惡呢?

如果人性本善,那麼各種規章制度就顯得非常多餘,操盤手就沒有必要設計各種框架來約束員工的行為;如果人性本惡,那麼激勵體制也不會

操盤力篇：如何在組織中成就卓越

起什麼作用，發再多的薪資、給再多的股份，員工也不會努力工作。

那麼應該如何界定人性呢？人都有追求、實現自我價值的需求，都習慣從自我角度出發考慮問題。因此，人性本私，既有善的一面，又有惡的一面。而企業經營實質上就是在透過引導員工的私，來激發其善的一面，抑制其惡的一面。

同樣地，好的激勵機制也是從人性角度出發的，透過滿足員工的私心私欲，激發員工的動力，抑制員工的不良行為。因此，好的機制必須是激勵與約束共存。

只要稍加留意，我們就不難發現：不少企業操盤手在設計企業機制的時候，並未同時考慮激勵與約束這兩方面。比如，公司規定員工違反企業規章制度要受處罰、扣薪資，卻從不表揚做得出色的優秀員工。做得好也沒有任何獎勵，所以員工工作的積極性不高，抱怨卻不少。

時間一長，整個企業都喪失了發展的動力和活力，員工每天想的就是什麼時候離職，去其他單位多賺錢。

因此，作為企業操盤手，應始終抱著這樣的心態：沒有不好的員工，只有不好的機制。機制對了，即使不合格的員工也能發揮出自身的潛能，超越自我價值。

破局第二步：企業發展的階段不同，破局的重點也不同

在企業發展的不同階段，企業操盤手的破局重點也不同。

在我的操盤經驗中，遇到最多的問題就是企業發展到一定階段後就停滯不前，甚至倒退，這是為什麼呢？為什麼企業總是不能如我們所願持續成長呢？為什麼我們為企業謀的局無法派上用場？

起初我也不明所以，經過多方面研究發現，導致這一現象的最大原因，就是處於不同階段的企業有著不同的特點。如果我們不能針對企業發展變化的形勢，對其進行相應的布局，企業就可能無法持續成長。我們的程度決定了我們能夠操盤多大規模的企業。因此，我們若要成功地破局，壯大企業規模，還需要不斷提升自我。

身為企業操盤手，我們都想成為像諸葛亮式的謀局者，要成為如此卓越的謀局者，首先要理解自己經營的公司目前正處在一個什麼樣的發展階段。在企業發展的不同階段，我們的破局重點會有很大的差別。

比如，個體階段的操盤手（這個階段的老闆就是操盤手）最關注的是銷售，因為生存是壓倒一切的根本；當企業進入公司化階段，便應開始重視人員管理、分紅機制等問題；當企業進入集團、資本化階段，社會責任就變得越來越重要。

在操盤企業的過程中，我發現以往的企業等級劃分多以規模大小為依據，雖然這個標準比較簡單，而且容易理解，但是過於籠統，不利於進行標準化和量化操作。在此基礎上，我將企業發展過程劃分為四個階段，如圖 4-3 所示。

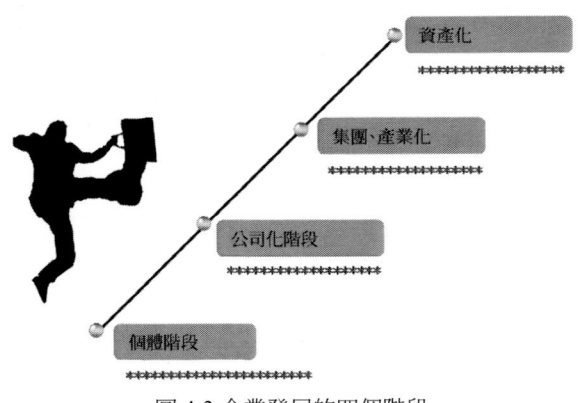

圖 4-3 企業發展的四個階段

操盤力篇：如何在組織中成就卓越

以下，我將結合企業的發展的四大階段，告訴大家如何破局。

企業操盤手在企業發展四大階段的破局思路。

◆ **個體階段：銷售為主的初步謀局**

個體階段在大家眼中是最小的企業，年產值大概在 800 萬至 8,000 萬元。個體階段的公司員工數不多，大多數情況是老闆帶著幾個管理者就把公司做起來了，這時，老闆就是操盤手。另外，每位管理人員下面又有幾位工作人員。我們把「管理人員＋工作人員」的團隊看成一個生意單元。個體階段的企業如果規模稍大一些，可能會有兩到三個生意單元。其組織架構具體如圖 4-4 所示。

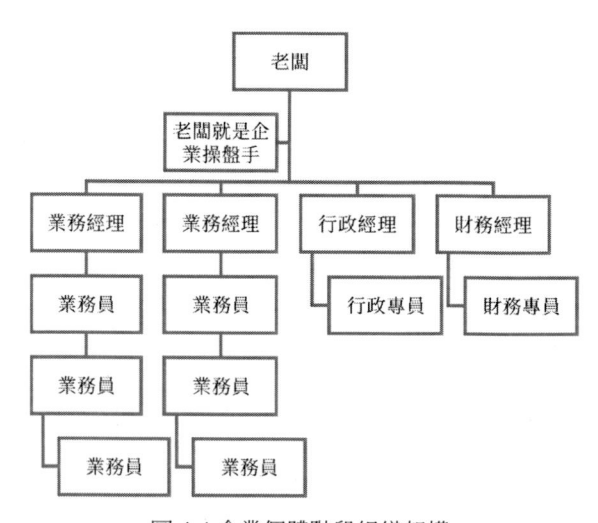

圖 4-4 企業個體階段組織架構

企業發展到個體階段已經具備了管理的基本雛形，一名經理帶領的業務團隊已經基本形成一個生意單元。企業需要發展，操盤手需要不斷複製這種生意單元。

個體階段，企業人數開始增加，即使規模比較小，也有十人左右。

這時的操盤手基本上已經找到了通向成功因子的路徑。這一階段操盤手的破局重點有兩個：一是銷售，二是初步的謀局。

在個體階段，企業已經釐清經營發展的路徑，成功因子基本上已經形成了。操盤手一出手就會有回饋，企業經營開始有了正向發展。此時，操盤手也從不懂謀局而開始入門，企業的發展也看到了希望。

更重要的是，操盤手需要找一位超越初級程度的管理人才，協助自己處理公司中各種瑣碎的事情。操盤手對於這位核心高級主管的選擇是非常重要的，我根據自己的經驗和研究，總結出操盤手選擇核心高級主管的四大條件：

第一，做事認真負責；

第二，有條理，有一定的管理能力；

第三，勤奮上進；

第四，受過良好教育。

如果操盤手能夠請來這樣一位人才，就可以放心將企業各部門的業務交付給他，自己則繼續謀劃企業的整體局勢。此外，在尋找管理人才時，還需要注意：如果我們是銷售出身，就要聘請一位做服務、生產或研發出身的；如果我們是做生產或服務出身，就要聘請一位做銷售出身的。這叫做「先找互補，再找替補」。

也有人曾經問我：「蔡老師，我本身就是做銷售出身的，為什麼還要請一位銷售管理人才呢？」我非常嚴肅地回答：「除非你下定決心，自己一輩子都要以銷售為生，否則就一定要培養人才。」唯有培養人才，個體階段的企業才能成長為一家真正有規模的企業。

那麼，個體階段企業的管理模式是什麼呢？除了權威式的管理，還

需要一些參與式的管理，因為企業員工已經開始具備一定的能力了。操盤手不必再像之前一樣事必躬親，而是只負責主要幾個核心客戶。至於其他客戶，則逐步下放。

在個體階段，企業的績效考核非常簡單，平時以業績表現計算分紅獎勵。由於企業員工人數不多，員工是否能幹，業務水準如何，操盤手會看得清清楚楚。到了年底，操盤手只需要根據經營狀況與員工的業績表現、行政考勤表現，派發紅包或獎勵，管理方式較為靈活。

◆**公司化：思想超前，眼光長遠，勇於捨權和利**

進入公司化階段，企業的年產值大概在 8 億至 80 億元。此時，每個部門都相當於一間小型公司，具體表現為：每個部門都有部門總監，總監下面設有經理、主管等管理職位，部門組織結構更加複雜，如圖 4-5 所示。

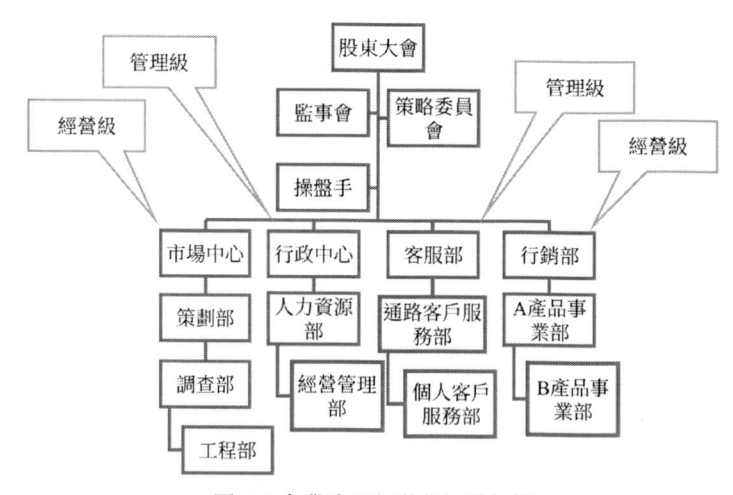

圖 4-5 企業公司化階段組織架構

公司化階段，企業有可能不只有一種核心業務，而是存在多種核心業務，而且核心業務之間也互有關聯。此時，操盤手的思路必須超前，

眼光必須長遠，勇於捨權和利，讓核心高階主管發揮應有的作用。

另外，操盤手還必須清楚公司化階段的破局重點。此時，企業的破局重點主要包括以下三個方面：

第一，建立總部的複製中心，實現基本生意單元的複製。一家企業做到公司化階段，大概需要多少個生意單元呢？5至20個。如果完成了這個數目的目標，還想進行複製，應該怎麼辦呢？下面我舉個例子來說明。

比如，我曾經操盤某家科技公司，它有15個部門。如果想讓業績成倍成長，就要快速複製。如何才能快速複製呢？一家一家複製下去？這當然可行，只是速度會很慢。這時，我開始謀局設立分公司在其他地區，跨區域發展。

若要開分公司，我就需要在原來的員工當中，找出一批核心高階主管，讓他們帶領新人，複製出一批同樣的團隊，然後把這個團隊拉到分公司。確定了複製的核心人物，複製團隊又該怎麼選擇呢？是選擇新人，還是選擇「老人」呢？這就涉及公司化階段工作重點的第二個方面了。

第二，提升團隊等級，培養優秀的管理人才。進入公司化階段，企業管理越來越專業化，企業操盤手需要引入一些比較專業的經理人，幫助企業管理。當然，企業更需要從內部提拔人才，充實管理隊伍。

公司化階段，企業發展比較穩定，薪酬也往往比同行稍高一些。這時，目標管理在企業發展中的重要性就充分展現出來了。一般來說，操盤手手上只要掌握兩個數字——目標銷售額和財務預算，就可以知道第二年的目標利潤了。因為目標利潤恰好是前兩者的差。

目前，一些大企業的操盤手最看重的就是達成目標和不超過預算，

並以準確達標為成功的標準。要在這樣的企業擔任操盤手，就要對明年做多少營業額、賺多少錢，心中有數。越是大型企業，就越要根據這些計劃進行調整，因為越是大型企業，就越應有求穩心理。

第三，企業操盤手需要提升三大能力。進入公司化階段之後，企業操盤手需要提升自身的三大能力，即：

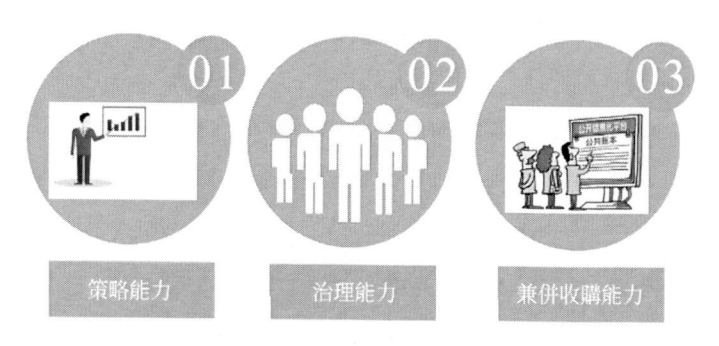

01 策略能力　02 治理能力　03 兼併收購能力

圖 4-6 企業操盤手需要提升的三大能力

企業操盤手為什麼要提升策略能力？因為企業之間的競爭已經發展為跨區域的競爭，操盤手需要謀局的地方不再局限於一處。這時候，市場就不再是問題的核心了，它的重要性被策略取代了。操盤手需要有俯視大局的眼光，必須謀劃長遠，不僅要考慮本年度的經營狀況，還需要考慮未來三年、五年的發展規劃。

也正因為如此，操盤手還需要不斷完善企業的治理結構，讓更多優秀的人才成為企業的股東，讓他們以主角的姿態參與企業的運作管理。

公司化階段，企業要實現快速擴張，兼併、收購是最快速的方式。企業收購，核心問題往往在於人。如果被收購的企業整個團隊都瓦解了，只剩下一堆電腦、機器，那麼收購就沒有任何意義了。如果操盤手能夠以一個核心團隊去挽留住被收購企業的優秀人才，吸收被收購企業文化中的優良基因，就能快速促進本企業的發展。

我曾擔任 36 家百億企業的操盤手，這些企業之所以發展得那麼快，正是因為除了核心團隊發揮重要作用之外，更注重對優秀企業及其團隊的收購。收購完成、企業重組之後，那些企業變成了自己公司的一部分，企業重組前的優秀基因也並未流失。

◆集團化：策略管理和成本控制

進入集團化階段，企業的年產值升至 80 億至 800 億元，有些所屬部門已經變成分公司。集團化階段的企業組織架構，具體如圖 4-7 所示：

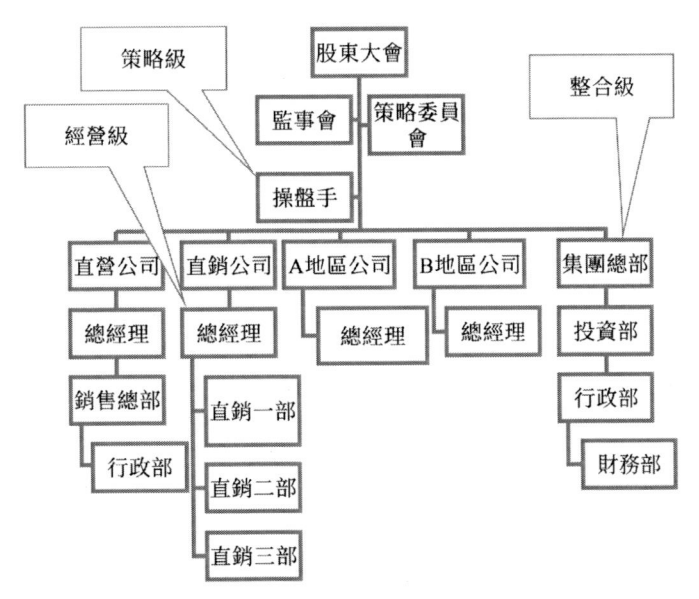

圖 4-7 企業集團化階段組織架構

集團化階段，企業所屬的子公司或分公司已經財務獨立，並對總公司負責。此時，企業操盤手已經很少直接參與企業的經營管理，更多時間在做整合資源的工作。各子公司或分公司老闆一方面需要對總公司負責，按照操盤手的策略規劃運作；另一方面需要妥善經營子公司或分公司，做好經營管理工作。

集團化階段，企業操盤手的破局重點是以核心企業為依據來發展企業。一家集團化的公司通常會有一家主營企業。比如，它會把旗下的一家子公司做到極致，把營業額做到幾億元，然後在此基礎上繼續發展，甚至發展到十幾億、幾十億元。確定主營企業之後，集團化公司所要做的就是，以此核心資源，繼續在上下游發展其他相關企業。

對於集團化企業而言，企業操盤手的破局重點包括兩個：一是策略管理；二是成本控制。

在策略管理方面，操盤手通常會有三種考慮，即依據核心企業來發展公司，實現多元化經營，實現產業鏈發展。一家集團化公司，如果有一家主營企業，然後再發展產業鏈，子公司之間相互關聯，往往可以妥善發揮系統效應，降低營運成本。

◆資產化：打通上下游產業鏈，整合資源

進入產業化階段，企業操盤手的破局重點在於圍繞產業結構，打通上下游產業鏈，強勢整合資源，發揮協同效應。

2014年我在操盤一家保全公司，一開始，其保全產品年產值在4,800億左右。不久之後，我考慮到保全產品原物料的重要性，就規劃收購了一家原物料加工廠，專門為自家產品供貨。由於每年從外面引進的保全技術花費不少成本，我隨即成立了一個保全技術研究中心，研究新技術。隨著企業越做越大，我在此基礎上了又成立了保全智慧系統，直接供給每個城市。

隨著企業規模成長，資本化便伴隨其中，透過兼併、重組、收購，大幅度地發展。如果說產業化運作是在爬樓梯，那麼資本化運作則是在搭電梯。企業操盤手需要為自己規劃一條資本化運作的策略路線，快速突破企業發展。

破局第三步：企業為何「猝死」—— 破局的注意事項

企業操盤手必須高度警惕，避免企業因環境變化而在發展中「猝死」。

企業操盤手設計機制並根據企業的不同階段進行破局後，就可以開始為企業接下來的發展布局，謀劃出一盤好棋。遺憾的是，這只是理想的狀態。在為企業布局的過程中，操盤手經常會遇到各種突發情況，需要解決各式各樣的問題，因此必須高度警惕，避免企業因環境變化而在發展中「猝死」。那麼，企業操盤手在開始布局前要注意些什麼？

其實，企業操盤手在布局前需要注意和考慮的事項很多，只是輕重程度不同，以下是我經由多年操盤經驗總結出來的三個注意事項，希望能協助大家操盤企業，成功破局。

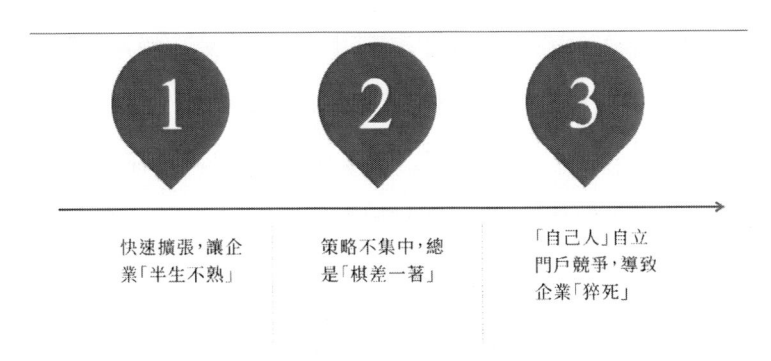

1. 快速擴張，讓企業「半生不熟」
2. 策略不集中，總是「棋差一著」
3. 「自己人」自立門戶競爭，導致企業「猝死」

圖 4-8 企業操盤手破局的三個注意事項

企業操盤手破局的三個注意事項。

◆ **快速擴張，讓企業「半生不熟」**

在現實中，我經常看到很多操盤手在企業尚未具有頑強的生命力時，就盲目地快速擴張。這樣的布局會造成企業「外強中乾」，進而導致

操盤力篇：如何在組織中成就卓越

企業「猝死」。這絕對不是危言聳聽，現實中這樣的例子比比皆是。這是什麼原因呢？

我分析了一下，大多數公司在剛開始發展的時候，一路順風順水，成績傲人。但是，大家要知道，一間公司之所以能夠取得成功，是因為當時競爭對手的實力都不強。尤其在產業發展初期，各領域都存在大量空白，填補空白的重要性遠超過了技術要求。領先者容易快速占領市場，因此不少公司養成了快速擴張的習慣。

不過，事情並不是一成不變的。市場會變，客戶需求會變，競爭對手也會變。面對這一系列的變化，操盤手沒有好方法應對，馬上就會被淘汰。究其原因，主要是成功因子沒有做好，就快速複製，讓企業「半生不熟」。也正因如此，快速擴張的企業很難抵禦市場競爭的「狂風暴雨」。

我認識的一位操盤手便因此付出了慘痛的代價。他對我說：「蔡總，您知道嗎，在 2010 年之前，我操盤的企業就已經營業額破億元了，可惜好景不長。到了 2015 年，我操盤的企業營業額做到破十億元，結果還是倒閉了。」

我問他：「你思考過企業倒閉的原因嗎？」

他回答：「前兩次操盤的企業，該行業受政策影響比較大。一開始，政策比較寬鬆，資源、貸款都不是問題，企業擴張很容易。第二次操盤的時候，不到兩年時間，我就把企業做到了擁有 200 多家連鎖店的規模。可惜，政策突然改變，市場形勢和競爭環境也隨之變化，我操盤的企業很快從 200 多家店萎縮成了 4 家店。」

在企業沒有頑強的生命力之前，就盲目地布局擴張，風險非常大。我的這位朋友之所以一再遭遇企業倒閉的打擊，就是因為他心中著急，害怕市場被別人搶先占領，自己失去機會。然而，盲目上馬只會「欲速則不達」。

麥當勞剛進入中國市場時，花了三年時間，只開了三家店。是它沒有能力嗎？當然不是。那為什麼三年才開三家店呢？正是因為麥當勞深諳企業經營的核心規律。在大規模複製之前，麥當勞進行了縝密的準備。

首先，麥當勞的操盤手深知自己是一家外來企業，儘管自己的成功因子在歐美各國均得以成功複製，但是否適合中國這塊新土壤仍需要進一步測試。於是，麥當勞在中國不同城市的不同地段開了三家店，看看中國的顧客是否接受這個「外來的和尚」。

其次，麥當勞的操盤手利用三年時間培訓了一大批人才。參加過相關培訓的麥當勞早期員工曾告訴我，在管理中心內部，所有人都拿著塑膠的漢堡，演練所有流程，直到完全準備好了，才開始展店。目前，麥當勞在中國的連鎖店已經突破兩千家。這兩千多家店就是這樣複製而來的。

◆策略不集中，總是「棋差一著」

有一些操盤手既有不錯的資源，又有能力出眾的人才，但總是「棋差一著」，不是做不好，就是做不大。這是為什麼呢？他們沒有做好「策略集中」。

蘋果公司近年來的市值基本都在 1 兆美元左右，即便是如此強大的公司，也有一段時間業績嚴重下滑，面臨重新洗牌的窘境。為了度過危機，創始人賈伯斯重新出山操盤企業。一回到公司，賈伯斯對現有的執行專案進行盤點，結果發現正在做的專案竟然有 27 個之多！到底哪個專案才是重點？哪個專案才應該動用公司的優質資源？

於是，賈伯斯花了三個月的時間重新布局。他羅列出正在進行的 27 個專案，然後逐一分析這些專案的前景。一番分析整頓之後，27 個專案中的 24 個被「砍掉」，只剩下了 MP3、手機和電腦 3 項。確定了核心發展專案之後，蘋果公司完成了策略集中，也完成了優質資源的分配。很

操盤力篇：如何在組織中成就卓越

快地，蘋果公司的市值再度攀升，公司生產的 iPhone 手機風靡全球。

躋身世界 500 強企業的蘋果公司，因為沒做好策略集中，也差點中途慘跌。作為企業操盤手，我們絕不能掉以輕心。前一陣子，我在進行高階主管培訓的時候，遇到了一位操盤手，他對我的操盤經歷非常感興趣，下課之後興奮地拉著我討論，還十分有禮貌地遞上自己的名片。我接過來一看，名片上赫然顯示，這位學員操盤著七、八家公司。我問他：「這麼多家公司，你忙得過來嗎？」他告訴我：「最近我不只是忙，工作壓力也很大。其實這些公司並不是每一家都賺錢。到目前為止，真正能賺錢的有兩家，業績持平的有兩家，有三家一直在虧損。我每天都在為虧損的公司煩惱。現在我等於是拿著兩家賺錢公司的利潤，去養三家虧損的公司。」

用賺錢的公司去養虧損的公司，這樣做真的能保持這七、八家公司在整體上是營利的嗎？很難說！操盤手做得很辛苦，公司經營卻沒有什麼起色，實在得不償失。這位操盤手的經歷是很多操盤手實際狀況的縮影。總而言之，企業經營過於分散，不能做到策略集中，經營就會遇到很大的困難。

◆「自己人」自立門戶競爭，導致企業「猝死」

與前兩種相比，這一種雖然導致企業「猝死」的機率比較小，但是，操盤手也要防禦競爭對手的狙擊。我發現，不少企業操盤手一旦掌握了企業的成功因子，就會出現離職、自己創業的現象。他們很容易就把企業經營起來，然後成為原來企業的競爭對手。

因此，企業操盤手一定要防範這種情況，將企業成功因子模組化後，讓高階主管實際管理某一模組。當然，這只是方法之一。操盤手可以對核心管理階層進行股權激勵，激勵並約束優秀人才，降低高階主管離職的機率。

策略布局篇：
策略是操盤手的頭等大事

策略布局篇：策略是操盤手的頭等大事

第 5 章　高明的棋手，
落子之前，已謀劃大局

　　古人云：「不謀大局者不足以謀一域，不謀長遠者不足以謀一時。」目無大局的軍人，即使能爭得幾座城池，末了也可能難逃敵手；目無大局的棋手，縱然能謀得幾枚棋子，最終亦可滿盤皆輸。這裡說的大局指的就是策略。大局意識適用於任何領導工作，對於操盤手也是如此。

　　遠自先古，近及現代，大到國家，小至個人，都要有策略意識。企業操盤手在為企業謀劃時，也要以策略為重，切不可因小失大，要在落子之前，已經謀劃大局、胸有成竹。

　　然而，縱觀如今的企業操盤手，大多都有一個通病 —— 策略缺失，他們誤以為「夢想」就是策略，這對企業來說是可能致命的，許多企業無法實現品質的突破，問題就在於此。我在和一些操盤手交流的時候，經常問他們這四個問題：

　　第一，您有經常進行策略思考嗎？

　　第二，您為企業做了策略規劃嗎？

　　第三，您的企業有使命、願景、價值觀嗎？

　　第四，您的企業有策略目標嗎？

　　然而，調查的結果讓我跌破眼鏡，基本上所有的企業都說自己有策略，但是他們心中的策略只是一些初步的想法，一張沒有現實意義的藍圖；或者是企業下一階段的目標，比如營業額達到三千萬，市場占有率提高至百分之四十，三年內開啟國際市場等等。但是，恕我直言，這些

並不是企業策略，這些只是想法，或者說是「企業夢想」。

沒有明確策略的企業，它的組織是沒有靈魂的！那麼，操盤手應該如何進行策略思考？企業策略到底是什麼，它對企業又有什麼用？如何進行策略規劃？如何確定企業使命、願景、價值觀和策略目標？這就是本章的主要內容。

策略思考是企業操盤手的首要職責

王石的策略思考讓萬科集團躋身《財星》雜誌（Fortune）「全球500大企業」。

萬科集團為什麼能夠在中國房地產業聲名鵲起？2016年，某次對王石的專訪中，王石道出了其中的「玄機」。他告訴記者，萬科崛起的主要原因是因為他懂得進行策略思考。

在發展初期，萬科和其他企業一樣，經歷過一段時間的多元化發展，企業毫無起色。經過認真思考後，王石為企業制定了「專注一項核心產業」的策略。在這個策略規劃裡，他把萬科其他業務全部砍掉，專注做房地產。經過一段時間的發展後，王石又進行了策略思考，決定只專注做住宅，不碰商業地產。他的策略思考邏輯是：只有做得專注，才能做得確實。專業之道，唯精唯實。

2008年下半年，一場金融風暴席捲全球，為什麼萬科沒有像其他地產商一樣陷入資金鏈斷裂的困境？其主要功勞也要歸功於懂得策略思考的王石。他告訴記者，他每一天都在思考房地產行業會如何發展，經過深入的思索，他得出結論──中國的房地產行業已經出現嚴重的泡沫，到了發展的轉捩點。針對這一情況，他馬上為萬科的經營策略做出改變──降價，保證以最快的方式讓資金回籠。王石早就預料到，這麼大

策略布局篇：策略是操盤手的頭等大事

的企業，如果資金鏈斷裂，就難以挽回了。

正是由於王石的策略思考，使得企業一直處於良好的發展狀態。經過三十餘年的發展，已成為中國領先的房地產公司。2016 年公司首次躋身《財星》「全球 500 大企業」，名列榜單第 356 位。

企業操盤手不會進行策略思考，會將企業帶入盲動之中。

我曾經讀過一本關於萬科集團的傳記，在這個傳記裡，王石說在萬科發展初期，他作為操盤手在制定企業策略時，都把自己關在房間裡三天三夜，思考萬科的未來發展，規劃萬科的企業策略。思考完畢，一經布局，他便立刻帶領核心團隊進行大刀闊斧的改革，最終成為如今的全球 500 大企業。他認為：企業操盤手首要的職責就是策略思考。如果作為一名操盤手不會進行策略思考，那麼做什麼謀劃都是無用，可能會將自己的企業拖入盲動之中。

那麼，到底什麼是策略思考？王石的答案是：策略思考實際上就是前瞻思考，大局思考，以及以抓住主要問題為核心的關鍵思考。唯有養成策略思考的習慣，整個公司的布局才能具有遠見性。

然而，令人感到遺憾的是，在現實中，我發現絕大部分操盤手不懂得策略思考。這些操盤手之所以成功，是因為一開始抓準了機遇，嘗到了甜頭，然後順勢一直用同一種策略來為企業布局。當企業初具規模後，這些操盤手在策略上的問題就顯露出來了。

這些操盤手不懂得思考自己的企業應該制定什麼樣的策略目標，應該有什麼樣的競爭策略，才能不斷超越競爭對手，也不懂得應該建構什麼樣的人才策略，才能讓團隊步調一致地朝目標邁進……他們思考的都是眼前的問題，而不是未來。比如，他會思考今天如何與經銷商砍價，如何把供應商的價格壓低。這樣的企業操盤方式只有一條路：企業走向

沒落,毫無未來。

王石作為萬科企業的創始人,是全國聞名的企業家。他認為,思考方式是策略的根本。策略過程就是開啟團隊思考的過程。策略制定過程中集結的一本本厚重的資料,只是每個階段的思考結果,關鍵還是在於企業有沒有進入系統的策略規劃。只有這樣,策略才能與組織架構和實際執行形成連動的整理。

對於操盤手策略性思考的重要性和思考方式,王石先生提供了很好的詮釋,大致有以下四點:

策略思考是審視自身能力、提升自身能力、發揮自身能力,尤其是團隊能力的過程,是團體集體進步的過程。	策略思考應該是創新、創造的過程,是跳出舒適圈,創造新的商業模式,創新產品,組織資源達成策略目標的過程,而不是只憑藉舊習慣和傳統做法的工作態度。
策略思考應該是行業的、產業的,是累積成長的過程,是建立在適應市場的商業模式上的,可成長、可複製、可以形成產業和行業地位與競爭力的。	策略思考是充分理解風險和困難的過程,是艱苦卓絕的奮鬥和不斷調整、優化的過程,而不是盲目樂觀和輕易動搖的。

中間:策略思考的重要性

圖 5-2 策略思考的重要性

操盤手應理解策略思考的重要性,建立起正確的思考方式,讓策略不僅是寫在紙上,擺在書架上的。

企業操盤手要懂得趨勢思考、大局思考、關鍵思考,做到總覽大局。

企業操盤手要提高策略思考的能力。操盤手之所以要具備策略思考的能力,是因為我們要不斷預測市場環境,不斷為自己訂定新的目標,

策略布局篇：策略是操盤手的頭等大事

進而評估達到這個目標需要多少資源。具有策略思考習慣的操盤手會從多個角度看問題，不僅站得高，還能看得遠。

總體來說，企業操盤手在進行策略思考時需把握以下三個要點：

1 趨勢思考
企業操盤手要有遠見，懂得「未雨綢繆」。

2 全局思考
進行整體思考，全面掌握行業的各種資訊。

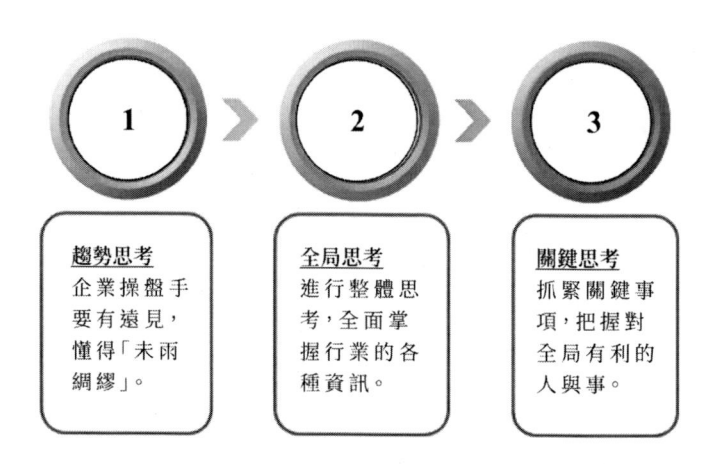

3 關鍵思考
抓緊關鍵事項，把握對全局有利的人與事。

圖 5-3 企業操盤手在進行策略思考時需把握的三個要點

◆**趨勢思考：多思考未來，為企業的將來打算**

什麼是「趨勢思考」？企業操盤手要有遠見，發現企業所在行業的發展方向。趨勢思考能為企業操盤手帶來非常大的好處，比如預測潛在環境的變化，看清局勢，辨識有里程碑意義的事件，並且發現企業發展道路上的風險，適時做出應對，等等。

我整合了數以百計的各國優秀操盤手的成功經驗，都有一個共同點，這些企業操盤手都非常善於趨勢思考，可以說是「預言家」。正因為他們敏銳地察覺到了所處行業的發展趨勢，而帶領企業走上了正確的發展道路。

我們來學習王石是如何進行趨勢思考的。

王石每年都會進行市場走訪，在走訪的過程中了解市場發展趨勢，

預測行業發展方向，進而幫助自己制定下一步策略計劃。最近 10 年，萬科集團收購了很多中國知名的房地產公司。王石為什麼要這麼做？因為他經由趨勢思考，預測到中國房地產有龐大的發展空間，而自己當時又有收購擴張的能力，便大膽地向前跨了一步，率領團隊進行收購，並把萬科打造成中國名副其實的房地產王國。

毫無疑問，懂得趨勢思考是企業操盤手的核心能力之一。我們常把「未雨綢繆」這個成語掛在嘴邊，就是時時刻刻提醒自己要多思考未來，為企業的將來打算。

◆**大局思考：進行整體思考，全面地掌握行業的各種資訊**

大局思考就是整體思考，大局思考的反義詞是片面思考、區域性思考。做不到全面思考的企業操盤手經常會犯以偏概全的錯誤，他們只關注表面現象，脫離事物本質，總是用自己的觀點決定市場的需求。

大局思考要求企業操盤手能全面地掌握行業的各種資訊，比方說，競爭對手的資訊，市場發展趨勢的資訊，企業資金鏈、供應鏈、銷售通路的資訊，當然，也包括企業內部產品研發的資訊，人力資源、生產等各個方面的訊息。唯有站在大局角度掌握資訊，企業操盤手才能做出正確的決定，幫助企業又好又快地發展。

10 年前，萬科曾經有一次絕佳機會能打入商業房地產市場，假如當時成功進入，短期內肯定有一筆可觀的收益。但是這個專案被王石一票否決，他認為，雖然這個專案能讓企業在短期內大賺一筆，但是以大局的角度來看，進入商業房地產市場不符合萬科本身的住宅房地產定位，並且萬科在商業房地產領域沒有任何優勢。王石以大局思考否決這一機會。

那麼，企業操盤手應該如何進行大局思考呢？王石為自己設計一個

策略布局篇：策略是操盤手的頭等大事

大局思考的框架，我們可以借鑑他的大局思考框架，進行策略思考。如圖 5-4 所示。

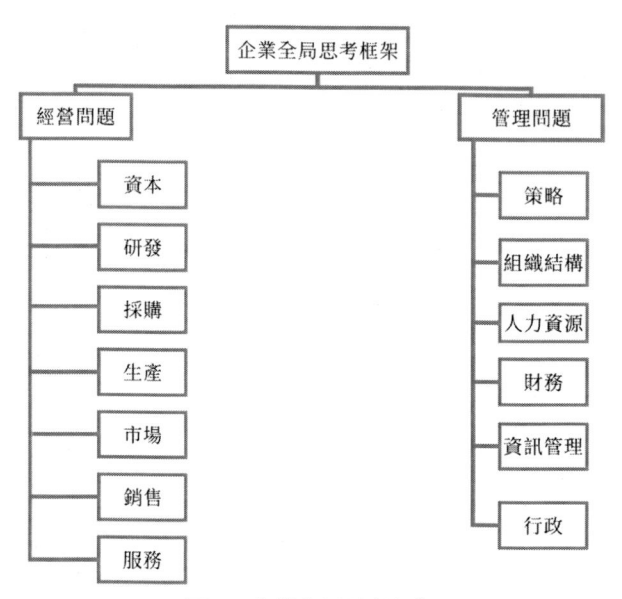

```
企業全局思考框架
├── 經營問題
│   ├── 資本
│   ├── 研發
│   ├── 採購
│   ├── 生產
│   ├── 市場
│   ├── 銷售
│   └── 服務
└── 管理問題
    ├── 策略
    ├── 組織結構
    ├── 人力資源
    ├── 財務
    ├── 資訊管理
    └── 行政
```

圖 5-4 企業全局思考框架

◆ **關鍵思考：抓緊關鍵事項，把握對大局有重要影響的人與事**

企業操盤手除了要做到趨勢思考和大局思考，關鍵思考也是不可或缺的。關鍵思考和大局思考緊密相連，大局思考可以說是關鍵思考的前提。也就是說，作為企業操盤手，必須在做好大局安排後，抓緊關鍵事項，把握對大局有重要影響的人與事。

2014 年，萬科開啟事業部改革，經過一年的籌備時間，改革於 2015 年正式實施。改革雖然獲得了一些成功，但是也出現了不同的聲音，針對這種情況，王石是怎麼回應的呢？他說：「我們做事情應該看主要問題，要懂得抓住問題的核心。改革使得整個集團的資源分散了，這是事實，而且造成較深的隔閡，不利於整體協調。但這麼多年來的發展顯

示，這次改革對萬科近十年的發展來說，是非常重要的一著棋，它是非常成功的。因為，改革分清了各產品領域的經營責任，有效促發了各產品群經營團隊的積極性，這是事情的關鍵，而且，如果各產品領域的規模擴大了，有了規模效應，資源分散導致的浪費問題也就不存在了。」

爭強圖勝靠運籌，策略致勝定乾坤

「三隻松鼠」以清晰的策略規劃致勝，成為中國網路零食銷售的霸主。

2013年，一家成立於2012年的網路零售商在網際網路上聲名鵲起，一時間業內人士無人不知。這家公司雖然成立不到兩年，但卻連續兩年攻下中國電商食品行業冠軍：2015年「雙十一」單日銷售額達到856萬人民幣，在業內引起轟動；2016年的「雙十一」單日銷售額竟然突破5,600萬人民幣，創下了電商行業的又一個銷售奇蹟。這家企業就是三隻松鼠，成立兩年內取得了3億人民幣銷售額的傲人業績。

為什麼這樣一家成立之初名不見經傳的企業，能在短短兩年內成為中國網路零食銷售的霸主？經由記者採訪該企業的創始人、企業操盤手章燎原的採訪內容顯示，主要源於他在創業之初，就為企業做了清晰的策略規劃。他將企業的策略目標設定為「打造網際網路時代的農業生態產業鏈」，其核心思想是走近消費者，同時為企業定下四個核心要點，以及四個現代化的策略模式。

這四個核心要點分別是：

1. 品牌：讓消費者認識三隻松鼠品牌。
2. 速度：讓消費者更快得到產品。
3. 服務：讓客戶得到最具個性化的服務。
4. 品質：保證產品品質更穩定、更安全。

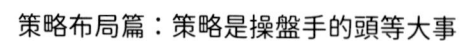

策略布局篇：策略是操盤手的頭等大事

四個現代化分別是：

1. 品牌動漫化：透過新媒體與客戶進行更具互動化的溝通。
2. 數據資訊平臺化：自主研發、建立完善的數據資訊系統平臺。
3. 物流倉儲智慧化：設定物流控制節點，完善全國物流倉儲規劃。
4. 產品資訊可追溯化：讓產品資訊可以追溯到源頭，建立產品資訊的系統化機制。

如果你碰巧訂購過三隻松鼠的零食，或許你也能感受到企業的策略用心：帶有品牌卡通形象的包裹、開箱器、堅果包裝袋、封口夾、垃圾袋、傳遞品牌理念的雜誌、卡通鑰匙圈、溼紙巾等等，這些極具創意的贈品都讓消費者對品牌印象深刻。這就是三隻松鼠成為中國網路零食銷售霸主的原因。

企業操盤手要做高明的棋手。

在諸葛亮為劉備謀局的計策中，有一句「善弈者謀勢」，意指高明的棋手在與人對弈時，總會謀劃棋局的走向，心存大局，不執著於眼前得失，進退攻守、有節有度，走一步，看兩步，想三步，最終將敵方棋子收入囊中。

操盤企業如同棋道，會遭遇對手設定的重重困難，會陷入棋局的迷惘，經歷我們無法想像的磨練與曲折。有句話說得好，上等的商人必通圍棋之道，以謀其勢；中等的商人必識象棋之術，以謀其市；高明的商人僅恃跳棋之法，以盡其事。在商場中，企業操盤手要做高明的棋手。

縱看三隻松鼠的發展史，操盤手章燎原可謂是下了一盤高明的好棋。網購在現代社會已經極為普遍，而讓消費者心動並難忘的品牌很少。章燎原以一種超前的、全面的策略規劃奠定了企業的高度，並在發展的過程中，嚴格按照策略經營理念來管理企業，最終贏得了消費者的

認可和市場的尊重,也讓自己從競爭激烈的電商行業中脫穎而出。

　　章燎原的策略眼光使企業不斷發展壯大,把企業策略放在企業經營和管理的首位,並在企業發展的過程中長期堅定不移地堅持策略實施,這是作為一名卓越操盤手必須做到的。企業策略不僅決定了企業能站多高,也決定了企業能走多遠。沒有策略,企業就是一個靜止不動的殼,有了策略的填充,企業才能變得鮮活。

　　那麼,策略規劃到底對操盤手謀劃布局有什麼作用呢?這一點,我們可以從章燎原的策略規劃裡看出四大核心作用：

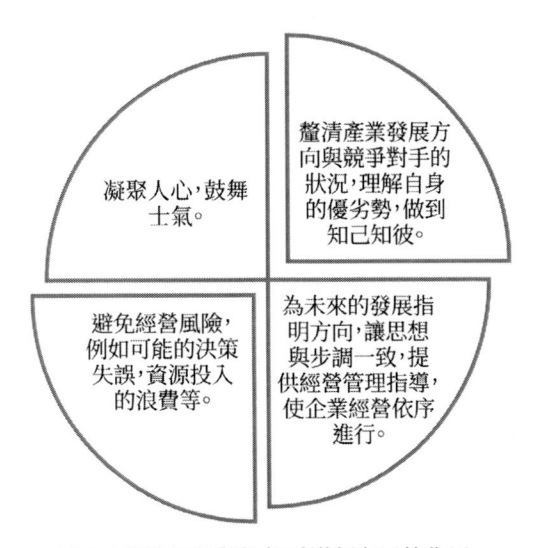

圖 5-6 策略規劃對操盤手謀劃布局的作用

　　最後,我想補充的是：在一個缺乏策略的企業,操盤手的思緒是混亂的,無法使力,更無法形成合力,當然也談不上合拍。策略規劃能夠讓企業形成「合心、合力、合拍」的共振效應。

　　策略規劃的基本框架。

　　誠然,有策略規劃並不一定就能確保企業獲得成功,但沒有策略規

劃的企業一定不會獲得成功。操盤手在為企業做策略規劃時首先要做出正確的策略性選擇，其次是為自己的策略規劃選擇做出持續的努力，也就是要遵循策略成功的邏輯，然後要認清策略規劃的框架內容，做出符合企業的策略。

◆成功，首先是因為正確的策略性選擇

中國最大的房地產企業──萬科集團在發展初期有著廣泛的業務領域，比如貿易、工業、零售業、房地產、證券投資、文化產業等，並且所涉及的業務發展得都很不錯。但是，萬科的創始人也是操盤手──王石在前瞻性的策略思考下，毅然做出重大的選擇──砍掉其他的業務，只做房地產，讓萬科成為一家專業的房地產公司。萬科最終選擇了專業化的策略規劃，而專業化後的房地產公司在短短的不到10年裡就成長為中國規模最大、最具影響力的房地產企業集團。

王石是非常成功的企業家，同時他也是非常成功的登山家，他曾經在2004年、2010年兩次登上了世界最高峰──聖母峰。如果王石只是選擇攀登一般的風景名勝，那麼他也就只能跟大多數人一樣歸於平常，登不上五、六千公尺的高峰，更談不上攀登世界最高峰了。王石選擇了攀登世界最高峰，所以他最終也成為一名成功者。

企業操盤手在做選擇策略規劃的路徑時，猶如王石登山，不同的高度所需要的裝備、能力完全不同。企業能到達怎樣的高度，前提條件是我們選擇要爬多高。

◆拓展企業實力及規模的目標金字塔邏輯

相信每一個企業操盤手都想拓展企業規模及實力。然而，如果不知道背後的邏輯，也難以實際施展。那麼，拓展企業實力及規模的背後邏輯是什麼呢？我提出了一個目標金字塔邏輯，如圖5-8所示。

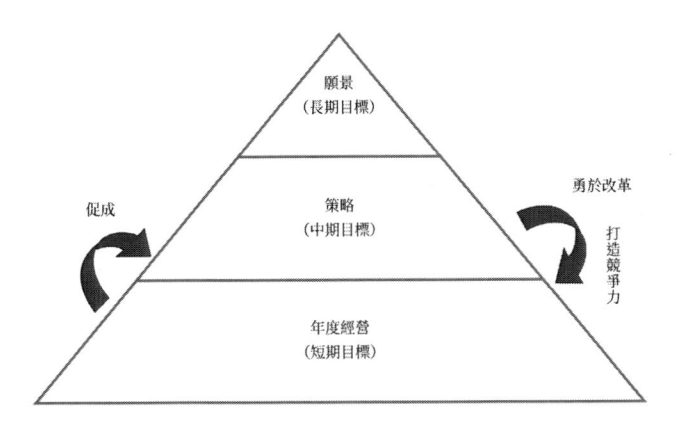

第 5 章　高明的棋手，落子之前，已謀劃大局

圖 5-8 拓展企業實力及規模的目標金字塔邏輯

這個金字塔邏輯實際上是告訴大家一個道理：做企業一定要目標清晰，勇於改革，打造優秀的競爭力。

首先，企業操盤手必須有遠大的抱負，也就是有一個能夠激動人心的願景。關於願景的內容我將在下一節詳述，這裡就不作贅述。

其次，企業操盤手必須制定清晰的中期發展規劃作為經營指導。

願景是策略規劃的前提和基礎。在願景的激勵下，企業操盤手還必須制定未來 3 年至 5 年之內的策略目標與實際措施，因為光有願景遠遠不夠，還必須有確實的行動方案。而中期策略目標規劃就是企業可供執行的行動方案。

我經常聽見很多企業操盤手或企業家說，「10 億企業規劃 3 年，百億企業規劃 5 年，千億企業規劃 10 年」。這句話不無道理，規模越大的企業越要考慮長遠。策略規劃的本質是全方位地推動企業改進管理和經營能力，發揮公司各業務單元的協同效應。

最後，在策略規劃下，企業操盤手應該每年有更加縝密的年度經營目標與計劃，落實到微觀的工作層面上，再將它分解成具體的年度經營目標與計劃，這樣才能真正謀劃企業的經營管理。

策略布局篇：策略是操盤手的頭等大事

◆策略規劃的框架

認清策略規劃的框架包括哪些內容，有助於企業操盤手更妥善地規劃策略。策略規劃的框架包括以下四個基本要點：

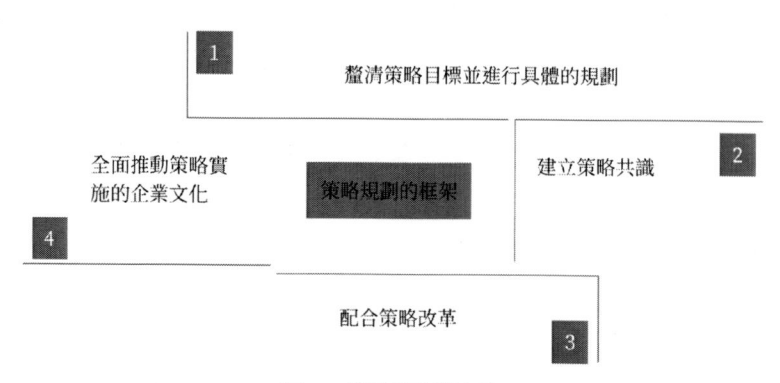

圖 5-9 策略規劃的框架

一是釐清策略目標並進行具體的規劃。因此，企業操盤手有必要組織內、外部力量，確立企業願景，進行中期的策略規劃。

二是在企業內建立強烈的策略共識，讓企業員工清楚企業未來的發展方向與目標。也就是說，一旦企業操盤手的願景和策略規劃經老闆（董事會、經營管理委員會）批准，應該向全體員工進行宣導，讓員工充分理解公司未來的目標規劃。

三是在策略共識的基礎上推動配合策略的組織改革。因為策略規劃是對未來目標的承諾，或者說是「明天的結果」，規劃的目標必須付出極大的努力，包括資源的投入和能力的配備才能實現。在實際操盤過程中，不同的員工或者因為過去的習慣無法適應新目標下加快步伐的要求，或者因為自身利益而阻礙相關措施，進而影響企業的前進腳步。這時候，操盤手必須配有相應的策略性改革，為策略規劃的實施清除障礙。

四是透過策略改革調整、改造原有不適應新形勢的企業文化，推動促進策略實施的新企業文化。

不迷惘靠使命，方向感靠願景，同舟共濟靠價值觀

馬雲的演講：企業的使命、願景、價值觀。

在行動網路的圈子裡，盡人皆知，說起願景，肯定要數馬雲第一。在馬雲的企業裡，他自始至終都在談使命、願景、價值觀，甚至連做清潔工的阿姨都不放過。然而正是因為他提倡的使命、願景、價值觀，才造就了阿里巴巴旗下最剽悍、最具戰鬥力的銷售團隊，也造就了一批批優秀的人才。

很多人都知道馬雲對使命、願景、價值觀的重視，卻並不知道他本人到底如何理解企業的使命、願景、價值觀？2016年9月10日，馬雲在一堂公開課中，為我們詮釋這個疑惑。

馬雲在這堂課上，沒有講企業該如何賺錢，如何設計頂層高計，如何設計商業模式等等，而是談及企業的使命、願景和價值觀，下面由我帶領大家一起來領悟馬雲的演講精髓。

第一是企業使命。

在演講的開始，馬雲提到企業使命。馬雲認為，所謂的企業使命就是三個問題：你有什麼？你要什麼？你能放棄什麼？如果我們要進行策略規劃，就要以這三個問題作為前提條件。對於使命的詮釋，馬雲談及奇異公司和迪士尼的案例。奇異公司在創始之初，就把企業的第一使命設定為「讓天下亮起來」。當時的電燈泡大多只能亮三分鐘，而企業的這個使命讓所有的人都無比認同，大家都為了這一使命共同努力。到今天為止，加入這家公司的人都充滿著榮耀感「我的工作是讓世界亮起來」。

策略布局篇：策略是操盤手的頭等大事

迪士尼的使命是「讓世界快樂起來」。為了達成這個使命，迪士尼在應徵員工時從來不錄用悲觀消極的員工，在他們的企業裡，所有的員工都要是樂觀積極、開心的人。而他們製作的戲劇、電影也是讓大家開心的。如果我們的企業有這樣的使命，那麼我們應徵員工角度也會不一樣，建立的企業組織也將有所差異。

在定位企業使命時，我們要讓企業所有人都圍繞這一個使命去展開工作。換句話說，要讓所有的員工都相信企業的使命。馬雲說自己在觀察一家公司時，無論創始人講得多麼好，他都聽不進去，他所關心的是創始人身邊的人是否相信他所講的東西，企業的使命不是用來蒙騙人的。阿里巴巴的企業使命是「讓天下沒有難做的生意」。這個使命聽起來有些遙不可及，但只要我們相信，員工才會相信，消費者才會相信，客戶才會相信。

第二是願景。

對於願景的理解，馬雲認為企業願景就是：這個公司會發展成怎麼樣子呢？我有什麼好處？願景是階段性的，你要有至少十年、二十年的設想和規劃，這就叫企業願景。

很多人對於企業願景的理解，都覺得這是一種對員工的洗腦。但以如今的知識社會，試問有幾個人能真的被洗腦？如果一個企業的願景能將員工洗腦，那麼說明這個企業願景真正觸動員工的內心，讓他們覺得做這件事有意義，才會努力做下去。這個願景是成功的。

馬雲提醒大家千萬不要複製成功企業的策略，能複製的都是複製品，不能複製的才叫策略。成功的策略就是要告訴全世界，我要做這件事，這就是我的使命、願景。如果阿里巴巴的企業策略騰訊能拿去用，百度能用，並且都能做出來，那麼就說明阿里巴巴的策略規劃是失敗

的。一個成功的策略規劃，是不能被複製成功的。

同時，一個企業願景不能太多。阿里巴巴在成立之時，馬雲設定的企業願景有兩個：一個是「企業活80年」；另一個是「要成為世界十大網站之一」。

第三是價值觀。

對於價值觀的理解，馬雲認為價值觀就是我們在前進路上的操作方法，是創始人制定的。價值觀並不是虛無縹緲的，是要經過考核的。沒有經過考核或不能進行考核的價值觀是毫無用處的。阿里巴巴每個季度都會進行價值觀考核，員工的業績、年終獎金、晉升等，也和價值觀連結在一起，這是一整套的考核機制。

很多公司都會建立諸多制度，但到底是制度重要，還是文化重要？馬雲的回答是：當然是文化重要。制度是用來強化文化的。關於這一點，馬雲用了一個比喻：我們有哪個人是因為讀了刑法，才知道不可以殺人，因此而不殺人？我們都是自父母的習慣和潛移默化的教育之中，學習到有些事情是不能做的。而這個習慣和潛移默化的教育就相當於企業文化。如果一個企業把使命、願景、價值觀做得很好，那麼企業制度肯定會少很多，因為大家都認可這些東西，肯定就不會做違反制度的事。

在演講的最後，馬雲告訴大家，企業要進行策略規劃，首先要把企業使命、願景、價值做好，基於這三者，再來考慮策略。

不迷惘靠使命，方向感靠願景，同舟共濟靠價值觀。

回顧幾百年前的古人，那時的他們認為人類飛翔是不可能的事情，但如今太空人坐上太空梭翱翔宇宙的時候，我們不得不感嘆如果沒有遠大的夢想，人類的世界不會如此精彩；當馬雲在一無所有時說出他的夢想是「改變世界」時，當時人們都認為他是一個傻子，但僅僅過了15

策略布局篇：策略是操盤手的頭等大事

年，馬雲真的改變了世界，他的夢想完全實現了。

個人的夢想能激發潛能，企業也需要一個遠大的夢想，這個夢想被稱為企業願景、使命、價值觀，企業以此來激勵、感召企業裡所有的員工朝著共同的方向努力。操盤過多家企業、被同行及業界譽為「商業實戰鬼才」的我，可以很負責任地說：如果一個企業沒有遠大的願景，就好比一個沒有理想和追求的人，很難有所作為。

那麼，企業願景、使命、價值觀是什麼？透過馬雲的演講，可以整合出三個核心意義：

使命	願景	價值觀
• 企業使命如同地平線上的金星，能激發出員工無限的動力。	• 企業願景是實現企業使命的「藍圖」，指引企業一路向前。	• 企業價值觀是企業前進道路上的「道德指引」。

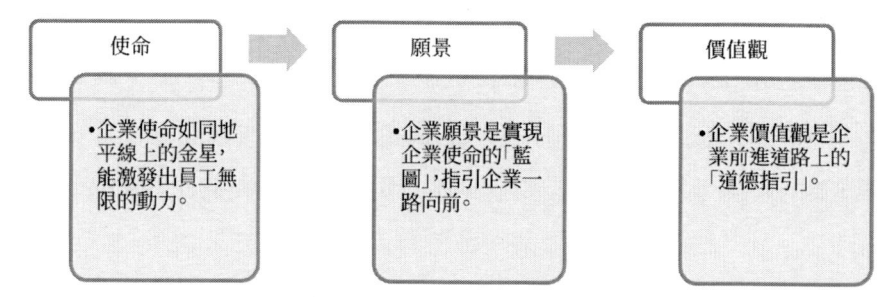

圖 5-11 企業願景、使命、價值觀的核心意義

◆企業使命

企業使命，就是企業最基本的目的，它展現了企業創始人和員工的共同追求和抱負，同時也決定了企業的目標方向、資源分配的優先順序和重點、工作目的和意義。企業使命是企業存在的理由，而不是具體目標或企業策略，它是一種永遠的追求，它就像地平線上的金星，雖無法企及，卻可以激發出員工無限的動力。

◆企業願景

企業願景描繪了企業令人嚮往的未來，是企業長期恪守的奮鬥目標，是企業策略的方向，它指明了企業的發展方向，是實現企業使命的

「藍圖」，指引企業一路向前。企業願景包括三個基本要素：大家願意看到的（期望的）、大家願意為之努力的（主動的）、透過努力可以步步接近的（可接受的），是一個「膽大包天」的夢想。

◆企業價值觀

企業價值觀是企業家和企業推崇的、必須堅守的信念，是企業前行道路上的「道德指引」。價值觀不是虛無縹緲的「牆上之物」，它與業績一起組成企業重要的考核指標。同時，應注重制度的有效性，透過制度來真正強化企業的使命、願景、價值觀。

我用一句話來概括馬雲演講提到的企業使命、願景、核心價值觀，就是：不迷惘靠使命，方向感靠願景，同舟共濟靠價值觀。

對於策略和企業使命、願景、核心價值觀的關係，結合馬雲的演講，我提供一個比喻：把策略看成一個人，人的上半身就是使命、願景、價值觀，決定企業要去哪裡。人的下半身要配合上半身的使命、願景、價值觀，如果上下不配合，這個策略就是假的，策略將無法具體落實。

企業操盤手確定的使命、願景和價值觀要能被企業家、核心高階主管、股東、企業員工和顧客所接受，具有挑戰性，經得起推敲，才能被實現。

釐清了企業使命、願景、價值的意義，那麼企業操盤手該如何確立企業的使命、願景和價值觀呢？首先，我們來看看那些我們耳熟能詳的企業願景吧，或許能帶給你一些靈感：

微軟公司的願景很偉大：「讓全世界的辦公電腦都使用微軟的軟體。」

迪士尼的願景很簡潔，但令人愉悅：「為人們製造快樂。」

優衣庫的願景很親民：「用最低價提供最高品質的衣服。」

百勝的願景很有激勵力：「為全世界提供優質餐飲的全球性標竿企業。」

福特公司的願景很「世界」：「開拓人類的高速公路。」

作為與這些企業毫無淵源的人，我看到這些使命、願景、價值觀都會覺得心情澎湃，其企業又何愁得不到發展呢？我相信，任何一個立足企業長遠發展的操盤手都思考過企業將發展到什麼程度等問題，我也相信任何一個操盤手都為企業描繪過壯麗的景象，這就是我們確立企業使命、願景和價值觀的基礎。

使命、願景、價值觀比夢想更現實，比目標更激勵人心。操盤手應確保企業的使命、願景和價值觀具備以下四個特性：

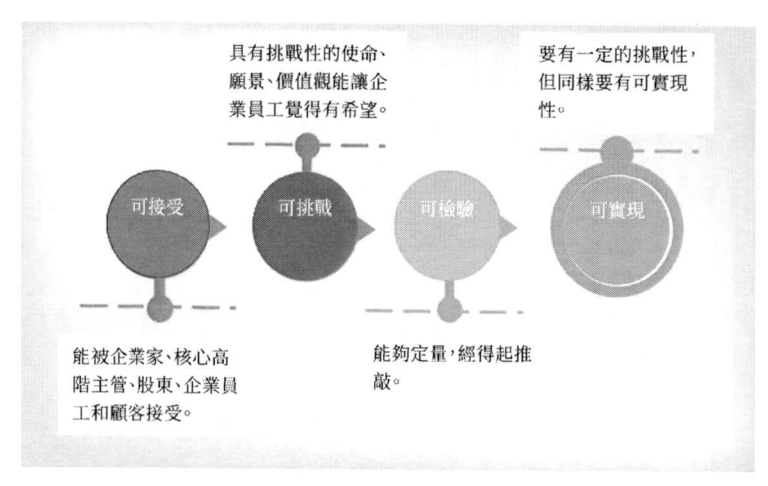

圖 5-12 企業的使命、願景和價值觀應具備的四個特性

◆可接受性

企業使命、願景與價值觀首先必須具備可接受性，接受的對象主要是企業家、核心高階主管、股東、企業員工和顧客，這四者對於企業的重要性不言而喻，如果他們都不接受我們的願景，那企業文化的傳播便是一句空話。

比如，阿里巴巴的願景是「讓天下沒有難做的生意」，這對企業的高階主管是個震撼，因此跟著馬雲衝鋒陷陣；沃爾瑪的願景是「讓窮人也能用富人的東西」、「你不是在為公司省錢，而是在為窮人省錢」，這樣的使命讓沃爾瑪在全球 500 大企業中長期占據銷售額第一的寶座。

◆可挑戰性

可挑戰性主要是針對企業員工而言，具有挑戰性的使命、願景、價值觀能讓企業員工覺得有希望，願意為了企業共同的使命、願景、價值觀去拚命工作。

比如，直銷企業完美的願景是「百年完美、全球完美」，麥當勞的願景是「控制全球食品服務」，而日產企業的願景是「以最有價值的汽車產品和服務為顧客提供豐富的、人性化的行動生活體驗」。

◆可檢驗性

可檢驗性要求企業操盤手確立的使命、願景、價值觀最好能夠定量，經得起推敲。例如，飛利浦為自己設定的願景是：「到 2025 年，我們能夠改善全球 30 億人的生活。」定量的願景能增加企業員工與顧客的信心，因為在他們眼裡，有明確願景的企業就有長遠的發展前途，員工即便少賺一點錢、工作累一些，也會願意跟著企業管理者為了共同願景而奮鬥。

◆可實現性

企業操盤手若把企業的願景定為「摘下天上的星星」，便是脫離現實，甚至讓人懷疑企業文化的好高騖遠。企業的使命、願景、價值觀是企業的夢想，但不是做白日夢，企業的使命、願景、價值觀要美好，要有一定的挑戰性，但同樣要有可實現性，否則不僅無法激勵員工，甚至

策略布局篇：策略是操盤手的頭等大事

還可能造成反效果。

試想，一家企業員工不超過 10 個人的民營企業，老闆信誓旦旦地說要在一年內成為全球 500 大企業，這現實嗎？你可能會說阿里巴巴也是從小規模開始做起，怎麼就不可能，然而世界上畢竟只有一個馬雲，對員工畫大餅也要適可而止。

一般來說，具備上述四個特性的使命、願景與價值觀更容易傳播、被員工接受。但事實是，很多操盤手將企業的使命、願景、價值觀存在自己的腦海中，懶得跟員工、高階主管、股東和顧客闡明，殊不知，這種關係割裂的局面很容易讓人覺得我們的企業發展無望、前途渺茫。

使命、願景與價值觀，這是三個與企業策略息息相關的詞，它蘊含的是無限的希望與夢想。沒有希望的人生只能黯淡無光，沒有夢想的群體只能停滯不前，而沒有使命、願景與價值觀的企業，走向衰敗將只是時間問題。

沒有目標，等於自取滅亡

沒有策略目標的企業，就如同在大海中迷失了方向的小船，不知道該在哪裡靠岸，只能在無垠的大海中飄泊，自取滅亡。

我認識一家生物製藥公司的操盤手 J。公司成立 5 年，從白手起家開始到現今擁有 200 多名員工，4 億的固定資產，也算是小有成就。但是，隨著行業競爭的加劇，J 發現近兩年公司處於停滯狀態，業績幾乎沒有任何提升。

作為一名企業操盤手，J 當然希望自己的公司能夠發展得越來越好，但他卻始終沒有為公司制定明確的策略目標。他認為自己只要向那些成功的企業學習，借鑑他們成功的策略規劃，公司就能發展起來。於是，

只要同行業中有企業發展快速，J 就會去研究那家企業成功的策略規劃經驗，並將此經驗運用到自己的公司。

比如，前兩年有家生物製藥公司生產的保健品在市場上銷售得異常熱絡，這家企業也由此一躍成為製藥行業的前 10 名。J 透過對該企業和消費者的研究，發現人們越來越重視自身健康，而保健品也已經逐漸走進了家庭，於是，他決定自己企業也轉而生產保健品，並制定了轉行的策略規劃，投入大筆資金進行產品研發，希望能靠此為企業帶來龐大的收益。沒想到 J 的公司在轉做保健品的生意後，因產品種類單一效果又不明顯，遭到了消費者的冷落，不僅無法開啟養生保健這個新市場，而且還喪失了原來的固定客戶，J 的生物製藥企業也因此陷入困境。

後來，J 又聽說一家保健品企業因為發展直銷的行銷策略，使得原本瀕臨破產的小公司得以起死回生，成為直銷業的新領軍人物。於是，J 也跟著發展直銷策略，結果歷經兩年，業績不但沒有上升，反因產品大量積壓使得資金鏈斷裂，J 的企業不得不面臨破產的局面。

目標是企業操盤手制定策略規劃的基礎。

明確的策略目標決定著企業的發展。唯有制定出明確的策略目標，才能幫助企業實現繁榮的發展。如果策略目標不明確，或者目標模糊，企業就像一隻無頭蒼蠅，在市場競爭中處處碰壁，根本談不上發展。而對於企業操盤手而言，唯有策略目標明確才能讓策略規劃布局有的放矢，收到事半功倍的效果。

我的朋友 J 身為企業操盤手，只知道盲目地向其他公司借鑑策略規劃，卻不能為自身公司的發展制定明確的策略目標，使得企業沒有前進的方向，最終在盲目探索中走向困境。其實，只要他在企業的發展過程中建立一個明確的策略目標，並按照目標指引的方向去帶領企業前行，

策略布局篇：策略是操盤手的頭等大事

那麼他的企業或許會有更好的發展。

為什麼策略目標對企業和操盤手如此重要呢？對此，管理專家彼得‧杜拉克曾說過：

「並不是有了策略規劃才有目標，而是相反，有了策略目標才能進行策略規劃。所以『企業的使命和任務，必須轉化為目標』，如果一個領域沒有目標，這個領域的工作必然被忽視。」

——摘錄於彼得‧杜拉克的管理名言

策略目標是每一個操盤手制定策略規劃的基礎。有了策略目標，操盤手才能以目標為方向，為企業的各個層面做好策略規劃。而那些沒有制定策略目標的操盤手，是無論如何都無法將企業的策略規劃做好的，迎接他的將是謀劃的失敗和企業的衰落。

既然策略目標如此重要，那麼，策略目標到底是什麼呢？

策略目標就是企業為了實現願景，在一定時期內要達成的目標。企業願景和企業策略目標二者有區別，願景是企業的發展方向，而策略目標則是把這種願景具體化，是企業願景的進一步闡明和界定，也是企業在既定的策略規劃之中所要達到發展程度的具體規定。

具體而言，企業的策略目標一般包含以下兩個方面：

當然，一名操盤手不一定在以上每個方面都制定目標，更何況，企業策略目標也不局限於以上幾個方面。對於大多數企業操盤手而言，看重的是企業的收入和盈利能力這兩部分。在我操盤企業的過程中，有時為了加強企業的發展速度和品質，在制定中期的策略目標時，我會把重心都放在收入和利潤上，而在制定年度目標時，我再把其他方面的營運性目標納入，例如客戶滿意度、勞動生產率等。

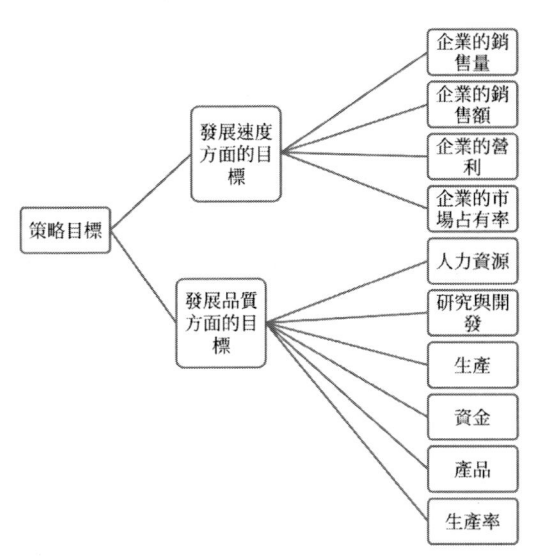

第 5 章　高明的棋手，落子之前，已謀劃大局

```
                    ┌─ 企業的銷售量
         ┌─ 發展速度 ─┼─ 企業的銷售額
         │  方面的目標 ├─ 企業的營利
         │          └─ 企業的市場占有率
策略目標 ─┤
         │          ┌─ 人力資源
         │          ├─ 研究與開發
         └─ 發展品質 ├─ 生產
            方面的目標├─ 資金
                    ├─ 產品
                    └─ 生產率
```

圖 5-13 企業的策略目標

　　我之前在一家高科技環保公司做操盤手，這家公司業務以研發、生產、銷售環保型添加劑和環保技術解決方案為主。2015 年營業收入為 2.28 億人民幣，淨利潤為 0.56 億人民幣。2016 年初，我為這家企業制定策略規劃，確定了「致力於成為中國領先環保技術解決方案提供商」這一企業願景。為了實現這一願景，我和老闆、核心管理層認真分析了目前的市場形勢，最後制定一個 5 年的策略目標，就是 2021 年要實現的目標，如圖 5-14 所示。

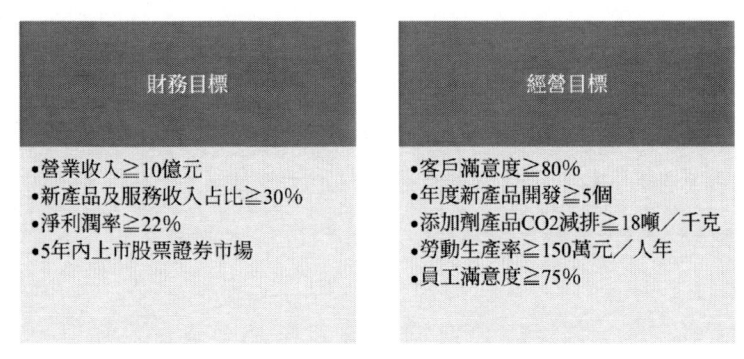

財務目標	經營目標
・營業收入≧10億元 ・新產品及服務收入占比≧30% ・淨利潤率≧22% ・5年內上市股票證券市場	・客戶滿意度≧80% ・年度新產品開發≧5個 ・添加劑產品CO_2減排≧18噸／千克 ・勞動生產率≧150萬元／人年 ・員工滿意度≧75%

圖 5-14 我為企業制定的 5 年策略目標

131

策略布局篇：策略是操盤手的頭等大事

策略化成完成目標和系統。

企業操盤手在制定策略目標時，按照時間長短，目標可以分為願景、長期策略目標、中期策略目標、年度目標、季度目標乃至月度目標，是一個不斷分解的過程；短期目標的完成將不斷推動中長期目標的達成，這是一個不斷促成的過程。如圖 5-15 所示。

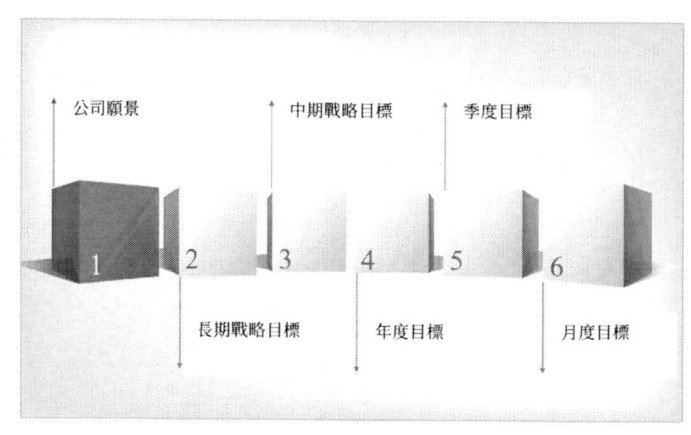

圖 5-15 企業策略目標系統

同時，企業操盤手也可以把策略目標按內容層次進行分解，形成一個金字塔形的目標系統，處在金字塔頂端的是企業的使命、願景以及價值觀等企業最長遠、最總體層面的目標及經營行為準則；處於金字塔中間的則是公司的整體策略目標，以及為實現整體策略目標所需要的路徑選擇、資源條件等，整體策略目標一般是 3 至 5 年的中期目標；在金字塔底端的則是公司各職能目標，例如市場目標及措施、技術目標與措施等。不同層次的目標，同樣是一個不斷分解和不斷促成的過程，如圖 5-16 所示。

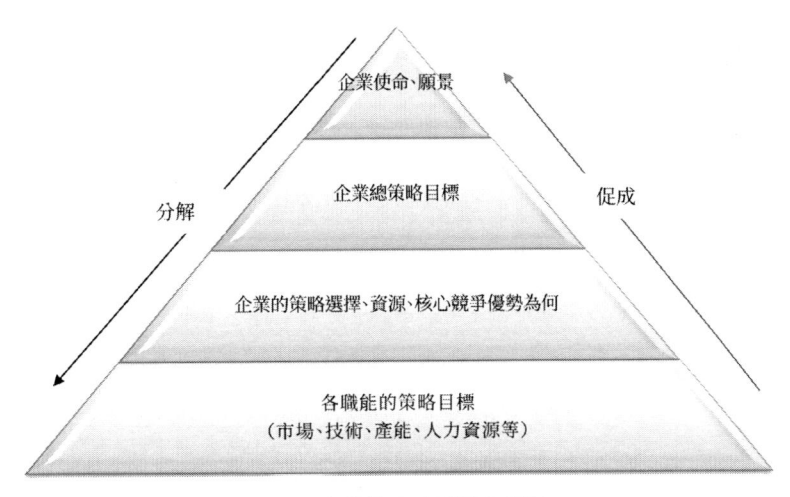

```
                    企業使命、願景

        分解          企業總策略目標         促成

              企業的策略選擇、資源、核心競爭優勢為何

                   各職能的策略目標
                （市場、技術、產能、人力資源等）
```

圖 5-16 企業策略目標層次框架

策略目標是行動的方向。作為企業操盤手，要讓企業能有長遠的發展，就一定要有確立策略目標的能力，在企業的每個發展時期都能制定出一個適合企業發展形勢的策略目標，讓員工理解自己的使命，並將這一目標落實到團隊和團隊中的所有成員。有了明確的目標，團隊才會表現出一致性，全心地為了實現這個共同目標而努力，最終與成功交手相握，為企業交出滿意的結果。

策略布局篇：策略是操盤手的頭等大事

第 6 章　發展才是本質 —— 發展策略

在我擔任企業操盤手的實踐和策略研究中，我深深體會到發展策略的局限，也非常痛惜於很多企業操盤手試圖透過價格戰、功能戰、廣告戰、促銷戰等手段實現發展，卻使企業陷入低利潤、無利潤甚至虧損的困局。這些血淋淋的現實告訴我，發展雖是企業策略的核心，但卻不應該以打敗競爭對手作為企業發展的目的。

我們不妨回過頭來思考一下企業策略的本質。策略的本質是為了建立競爭優勢，打敗競爭對手嗎？我認為不是的。用在古代的軍事策略也許是比較適合，但把它移值到現代企業是非常不妥的，企業並不一定非要打敗競爭對手。那麼企業策略的本質是什麼呢？

我認為企業策略的本質應該是發展。發展是第一優先的，競爭應該是發展的一種手段。我們可以透過競爭優勢、打敗競爭對手來實現發展，也可以透過財務策略、人才策略、競爭策略、研發策略來實現發展。透過這些發展策略，能讓企業的發展空間變得越來越大，格局越來越高。

做進全球 500 大企業，不如做足 500 年

同仁堂「以質為命，師古但不泥古」的生存策略締造了百年長壽企業。

創始於 1669 年的北京同仁堂，以「同修仁德，濟世養生」為使命，恪守「品味雖貴必不敢減物力，炮製雖繁必不敢省人工」等古訓，締造出百年企業。到如今，已經有 300 多年的歷史了。是什麼締造了同仁堂這

樣的百年企業？答案就是：生存策略。

作為一個製藥公司，生存策略肯定與品質密切相關。早在1723年，在同仁堂成為中國皇家御用藥店之後，就確立了「以質為命」的生存理念。那麼，同仁堂如何做到「以質為命」呢？

答案就是：在品質上追求至優至精的「工匠精神」。在生產過程中，同仁堂始終堅持「配方獨特、選料上等、工藝精湛、療效顯著」的製藥特色，恪守「兩個必不敢」的古訓，提供高品質的產品和服務。作為一家擁有百年歷史的中醫藥生產企業，結合了傳統經驗、技藝和現代管理、技術，正是北京同仁堂在品質方面傳承與創新，實現「工匠精神」的絕佳展現。

比如，在人工挑揀原料、前處理炮製工藝、手工操作生產等階段，同仁堂創新出一種原料檢驗雙重把關模式。透過實施GMP等品質控制系統認證，研製使用具有智慧財產權的新技術、新工藝、新裝置，制定中藥、醫療企業標準規範，推動中藥標準化生產，整合了傳統與現代的品質管制方式。

同仁堂為了保證產品品質，大膽創新和突破，將現代化標準與傳統工藝技術結合，努力做到「師古不泥古，創新不失宗」。具體的做法有三點：一是在源頭把關部分，建立了12個自有中藥材種植基地，採取專家經驗鑑別和儀器檢測相結合的「雙保險形式」，對原料進行「雙重把關」；二是在生產控制階段，針對中藥生產特點，堅持工藝技術改造與創新相結合，自主研製標準化生產線，在傳統炮製工藝、製劑、包裝等關鍵工序融入現代生產技術，透過實施GAP、GMP、GSP等現代品質控制系統，提高各階段的品質保障能力；三是在產品檢驗階段，在感官經驗判斷的基礎上，加入質譜儀、色譜儀等先進科技檢測儀器，確保了藥品出廠品質。在售後服務部分，則建立藥品品質追溯系統。

策略布局篇：策略是操盤手的頭等大事

同仁堂這一系列的做法，正是「以質為命，師古但不泥古」生存策略的有力展現。基於這樣的生存策略，同仁堂才能真正讓技藝既傳承且發展，使技藝代代延續，世代相傳，並不斷發展和進化，成為百年長壽企業。

長期生存是成為全球 500 大企業的必要條件。

對於發展策略，很多操盤手都認為：企業的發展就是要做得很大、很出名，努力成為全球 500 大企業。其實這樣的想法也不是完全錯誤的，只是過分執著於此的操盤手，可能會忽略發展策略的核心目標——長期生存。我認為，成為全球 500 大企業，不如做足 500 年。其實，換一種角度來看，長期生存又是成為全球 500 大企業的必要條件。下面，我們一起來看一組資料，透過資料，或許我們會有所頓悟。

2016年企業生存情況調查結果

■企業生存超過100年 ■企業生存80至100年 ■企業生存30至80年 ■企業生存20年以下

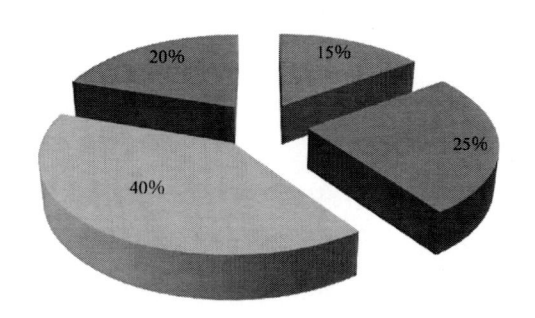

圖 6-2 2016 年企業生存情況調查結果

這是根據新浪網調查企業生存情況所得資料，雖不太精確，但卻足以說明中國企業現在面臨一個糟糕的現象，那就是企業的短命現象。對此，中國企業調查機構進行過一次專門的調查，這次調查的對象是針對中國民營企業的生存情況，調查結果顯示：中國民營企業平均壽命僅為

4年，其中經營10年以上的企業僅有15%；每年新成立的民營企業在25萬家左右，同時又有15萬多家企業被迫關門。

其實，企業和人一樣，都是有生命力的，只要我們制定適合它的生存策略，賦予它活力，它就不會死亡。那麼，什麼是生存策略呢？

所謂生存策略，就是一家企業能夠「活」下來最基本的生存規劃。例如，在人口比較聚集的地方，方圓兩百里以內只有一家餐廳，那麼即使這家餐廳的服務生態度很差，大家也會去那裡吃飯。同樣地，方圓兩百里以內只有一家醫院，如果有人生病了，就只能去這家醫院看病。因此，這家餐廳和這家醫院都擁有生存因子。

而一旦有新的餐廳、新的醫院加入，新餐廳、新醫院可以提供比原有的餐廳和醫院更周到細膩的服務，那麼原有的餐廳和醫院的生存因子就會變得非常脆弱。這說明，原有的餐廳和醫院生命力不強，企業處於最低層次的競爭水準，隨時有可能會被淘汰出局。也就是說，企業現階段的發展只能支持顧客最低階的滿意度。

所以，企業操盤手需要好好考慮一下：在企業經營的現階段，顧客對企業的態度如何？是非常滿意，還是基本滿意？如果是基本滿意，代表了什麼？代表了顧客一旦找到比自家企業更高級別的產品或服務，就會離開。這也充分表明了，企業的生命力還不穩定，至少在現階段是不穩定的。這就需要企業操盤手開始制定生存策略了。

不可盲目多元化，專注於同一領域，立志做到高級、精密、尖端，才是企業得以長期生存的最好布局。

那麼，應該如何制定企業的生存策略呢？其實，企業所有的策略都是基於企業生存的基礎上制定的。換句話說，企業所有的策略規劃都可以是生存策略。

策略布局篇：策略是操盤手的頭等大事

在這裡，透過同仁堂的生存策略，我想告訴大家的是：在制定企業的發展策略時，切不可盲目多元化，專注於同一領域，立志做到專精，才是企業得以長期生存的最好布局。

◆盲目多元化

當企業處在上升階段時，市場需求越來越旺盛，產品銷路越來越好，企業的收益越來越高，此時操盤手往往會被一時的成功衝昏頭腦，讓他們以為，扭轉乾坤，讓企業起死回生也沒那麼困難。其實，操盤手只是被成功矇蔽了雙眼，他們並沒有看清局勢，於是盲目進行擴張，使企業走上了一條並不穩健的多元化道路。殊不知，就是這種盲點，會讓企業跌入萬劫不復的深淵。

操盤手們利用當時的大好環境，不斷擴張資本、建立集團，盲目地多元化，忽視企業內部管理，企業內部貪汙腐敗的歪風大行其道，操盤手也睜一隻眼閉一隻眼，採取放任態度。

總之，操盤手們覺得這樣好的形勢會一直持續下去，企業也會按照目前的速度持續發展。實際上，他們沒有意識到，企業已經行走在懸崖邊緣，表面的欣欣向榮只是保護色，此時的企業抗風險能力為零，一旦政策、市場有點風吹草動，企業必定面臨困境。

◆專注於同一領域，立志做到專精

我有一個朋友，在一家公司擔任操盤手，這幾年他鞠躬盡瘁，讓這家公司業績不斷攀升，在資金、人脈、管理經驗上也快速成長。

但是，他並不滿足於眼前的成績，他胸有成竹，堅信自己能讓企業迅速地更上一層樓，大有「鯉魚躍上龍門化作龍」的氣勢。他經過多方考察，精心選擇了一個專案。這位朋友可以說是眼光獨到，專案策劃也頗

具遠見，整個過程組織周密，進度順利，包括投資前後的虧盈計劃也相當的客觀，大家對這個專案都非常有信心。

但是沒有人注意到這個專案的潛在風險，他幾乎是孤注一擲，賭上了企業的未來，假若成功，當然是皆大歡喜，一旦失敗，後果不堪設想。天有不測風雲，就在企業新產品上市時，其他同類型產品正在進行大規模的促銷活動，讓朋友措手不及，使新專案的利潤大打折扣，企業不得不追加投入。最後的結果，新專案徹底被打亂，不僅沒有達到預期的收益，公司原來的產業也受到影響，新舊經營「齊頭並退」，很快就消失在人們的視野裡。

對這些企業來說，也許同仁堂能給我們一些啟發。同仁堂在製藥領域做得風生水起。他們的定位很清晰，他們知道哪些是自己的主場，哪些領域是堅決不能碰的，他們把精力放在一個領域裡，雖然不起眼，但是經營得非常穩健。另外，有自知之明和低調讓他們披上了一件安全的外衣，讓他們能夠腳踏實地做事，當他們把自己的產品做到極致時，行業的龍頭老大，就非其莫屬了。

我在觀察大部分長壽企業時發現，他們的企業成長曲線呈上升趨勢，沒有忽上忽下的情況，財務狀況也十分穩定，這一點讓我十分佩服。這些公司只是專心做好自己分內的事，專注於同一領域，最終成為產業裡非常具有影響力的企業。有趣的是，從世界的範圍來看，想成為全球500大企業，就一定要先做本行業的佼佼者。

我們不妨來預測，那些口口聲聲說要成為全球500大企業的操盤手，說不定就是雷聲大雨點小，過不了多久就成了明日黃花；而那些埋頭做好自己最擅長的事情、在熟悉的領域中建立起強大市場地位的公司，在幾十年後，說不定就是世界級的企業。

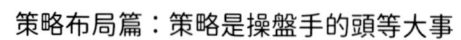

策略布局篇：策略是操盤手的頭等大事

你不相信？那我們就打個賭，在 50 年內進軍全球 500 大企業的中國企業中，說不定就有你今天不放在眼裡的「小蝦米」。

人才是企業的發展之本

E 企業的無人才策略與麥當勞的好人才策略。

某間製造業公司的前身是一家規模很小的手作工坊，近幾年由於政策的扶持，逐漸掌握了企業發展的資源，一躍成為著名的機器開發製造商。這家公司雖擁有不少資源，但人才策略卻不容樂觀，我暫且稱這家公司為 E。

E 企業的操盤手從來不制定人才策略，缺人了，就叫人力資源部門去人才市場應徵；職位空缺了，主管欣賞誰就讓誰升職。幾年過後，E 企業操盤手意識到了這個問題，開始每年年初制定計劃：收入預算多少、計劃員工人數多少等，都詳細列出。如此一來，人數少的部門進行應徵，人數多的則適當裁減。

但這個計劃在執行中卻出現了偏差。E 企業並沒有一套完善的晉升和獎懲激勵以及淘汰機制，也沒有明確的職位說明書，在這一年當中，有的人因為受到主管賞識而升職，有的人經過申請而平調，還有的人因為工作失誤而遭到降職處理，有的人在計劃之外請產假甚至離職……如此一來，原先的人力資源計劃被打亂。有一次，由於 E 企業的薪酬調整，生產部門的 3 名高級技術工人憤然辭職，帶走了 2 名普通工人，還有 1 名高級技工退休，數名工人跳槽，E 企業的生產線面臨全面癱瘓的風險。操盤手急命人力資源經理應徵人員頂替空缺。人力資源經理連日奔走於各個人才市場，費了九牛二虎之力招到了 4 名高級技工和 4 名普通工人，生產線這才恢復了正常運轉……

顯然，E企業的人才策略十分混亂，不管是人員的應徵還是人員的輪調、晉升、獎懲、激勵以及淘汰，基本上都無章可循，這樣導致的結果就是員工只是企業的人力，根本不是資源。這樣的組織環境，員工能充分發揮自己的才能嗎？沒有能打硬仗的人才梯隊，企業能有核心競爭力嗎？答案不言而喻。

那麼，企業操盤手要如何制定人才策略呢？對此，我們來看看世界著名速食企業麥當勞的做法。

麥當勞針對企業員工制定了一套快速晉升制度：每一個新進的員工，憑藉自己的勤奮和努力，皆可能在一年半內當上經理，可以在兩年內當上監督管理員。晉升模式相當公平，沒有任何特殊規定，也沒有典型的職業模式。公司在每一個職位階段都舉行培訓，以便有關人員獲得一定的知識儲備，順利透過階段性測試的人員則可能得到晉升。因此，適應快、能力強的人只要能迅速掌握各階段的技能，就能快速地升職，因而吸引了大批有能力的年輕人來麥當勞實現自己的人生理想。

麥當勞在人才策略的具體做法如下：

首先，新進的員工要先做4至6個月的實習助理。在此期間，他需要從事最基本的工作，如炸薯條、烤肉排、收款等。在這個過程中他不僅要學會基本的烹調技能，而且還應學會如何維護清潔和最佳服務方法，並經由最直接的實踐來累積管理經驗，為日後的管理工作打好基礎。

接著，才會迎來帶有管理性質的第二個工作職位：二級助理。每天仍舊在規定的時間內負責餐廳工作，但與實習助理不同的是，他要承擔一部分管理工作，如訂貨、制定計畫、排班、統計等。在某一範圍內展示自己的管理才能，並在日常工作中摸索經驗，協調好工作。

有能力的人會隨著時間的流逝展現出自己的管理才能，在8至14個

策略布局篇：策略是操盤手的頭等大事

月後，此類表現出管理潛能的年輕人會成為一級助理，即經理助理。此時，他需要承擔更多、更重要的責任，能夠在必要時獨當一面，累積自己的管理才能。

麥當勞為員工設定的職業晉升之路還遠不止如此，即使成為經理之後，還能晉升為監督管理員，負責旗下三、四家餐廳的工作。工作三年之後，監督管理員有可能晉升為地區顧問。屆時，他將成為麥當勞公司的「外交官」，往返於總公司與各所屬企業之間，溝通傳遞訊息。同時，地區顧問還肩負著諸如組織培訓、提供建議之類的重要使命，成為總公司在某地區的全權代表。即便身居如此高位，成績優秀的地區顧問仍然有機會得到晉升。

許多企業的人才結構是金字塔式，越往上，晉升的空間越小。而麥當勞的人才系統則像一棵茂盛的樹，給予員工最大的升職空間，只要你有足夠的能力。在麥當勞，每一個晉升職位都承擔著對吸收人才的功能，透過不斷反覆錘鍊，最終將有能力的人培養成為公司的菁英管理人員，為企業發展做出更大的貢獻。

「從零開始」是在麥當勞取得成功的人所共有的特點，從炸薯條、做漢堡的最基層開始，腳踏實地，不斷走向成功。對於他們來說，最艱難的時期是剛進入公司的時候，因其工作的繁瑣致使人員流動率高，最終能堅持下來的，都是一些具有責任感、獨立自主的年輕人，他們往往在25歲之前就得到很好的晉升機會。

除了人才晉升機制，麥當勞每年花費大量資金對員工進行培訓，並建立相關的培訓中心，為員工提供了有效的培訓機制。這是一個強大、完善的系統，旨在把品質、服務和環境方面的要求標準化，針對每個職位進行不同的培訓，不僅有利於員工了解操作過程，也便於提供理論與

實踐課程的訓練，努力營造一種終身學習的環境。

2016年7月，麥當勞在亞太、中東、非洲地區展開麥當勞員工「奧林匹克職位大賽」，競爭獲勝的員工將代表國家赴泰國參加麥當勞的全球「菁英聚會」。這個大賽不僅是一次菁英選拔賽，更是僱主對員工人力投入的承諾。

除了以上這套科學的人才選拔和培養制度，麥當勞還要求每一個得到晉升機會的人，必須要預先培養自己的接班人，如果沒有培養自己的接班人，那麼即便各方面考核合格，在公司也沒有晉升的機會。這就促使每個人在自身努力的同時，還盡心盡力地培養自己的接班人，而正是如此，麥當勞成為一個發現與培養人才的基地。

人才策略的核心：能力等級對應、人員互補、優勢定位、結構合理。

21世紀什麼最貴？無疑是人才，人是具有無限可能和創造潛能的資源，是企業生存發展的首要資源。操盤企業，就是經營人才，人是企業生存發展的唯一主體。對於企業操盤手來說，人才是資源卻不是競爭力，人才策略才是競爭力。有了人才策略，才能使人從企業中脫穎而出，才能優化和提升人才的能力，才能讓人才推動企業的發展。一個好的人才策略能夠為企業提供源源不斷的新鮮血液，也只有這樣的企業，才能真正做到事業永續、基業長青。

E企業沒有妥善制定人才策略，所以遭遇挫折。麥當勞把人才視為企業的瑰寶，把人才的培養和發展當作工作的重點。正是這樣的人才策略，不僅為麥當勞帶來了龐大的經濟效益，更重要的是為全世界的企業提供了一種新的人才策略模式，為整體社會培養了一批真正的人才。

透過麥當勞的人才策略，我們至少可以歸納出幾個關鍵的人才策略核心：

策略布局篇：策略是操盤手的頭等大事

- 合理的人力資源配置應使人的能力與職位的要求相對應，做到能力對應，激發員工的能動性。

- 互補型的團隊成員結構才是最有價值的團隊，尤其是創業型企業和中小企業，小公司用才，大公司用德。

能級對應　　人員互補

優勢定位　　結構合理

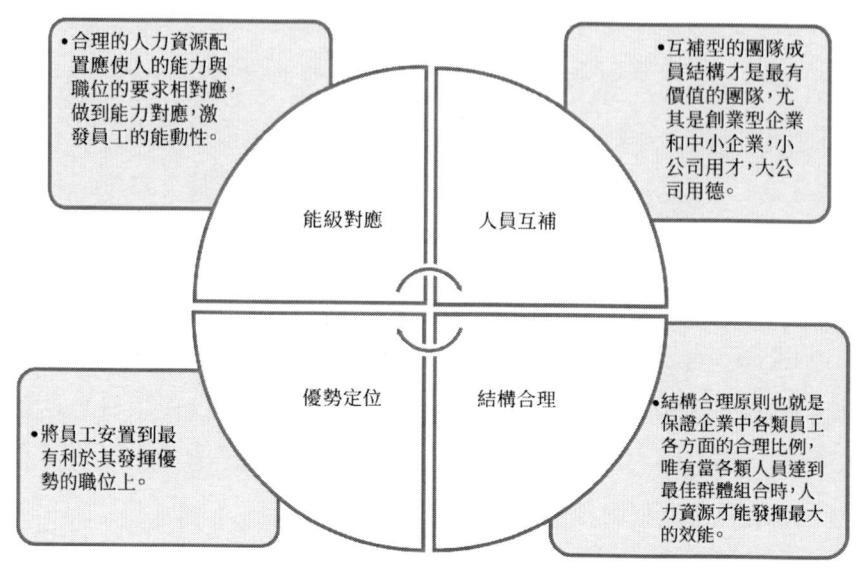

- 將員工安置到最有利於其發揮優勢的職位上。

- 結構合理原則也就是保證企業中各類員工各方面的合理比例，唯有當各類人員達到最佳群體組合時，人力資源才能發揮最大的效能。

圖 6-4 人才策略的核心

人才！人才！——核心！核心！

除了上面說到的四大核心，企業操盤手在制定人才策略時，還有一點值得操盤手重視的是：培養和留住核心人才。

人才是企業發展最重要的因素，核心人才更是最不可或缺的。以前，客戶是最大的資源，企業操盤手必須像關注自己一樣關注競爭對手的企業，就怕對方搶走自己的客戶；如今，企業操盤手在防範競爭對手搶走客戶資源的同時，還必須投入更多的精力去關注對手，因為競爭對手不但對我們的客戶感興趣，更對我們的核心人才感興趣。

對於企業來說，核心人才是決定自身能否持續發展的關鍵因素，是企業最不能失去的資源。如果將企業比作人體，那麼核心人才有如骨骼，它支撐企業正常運轉和擁有強大造血功能的幹細胞。

什麼是核心人才？核心人才就是指企業中影響企業決策甚至整體發展的員工，他們也許是綜合實力出眾，或是在某一方面有別人遠遠不及

的才能，使得企業缺他們不可。從現實來看，企業中的核心人才大多是指企業中的中高層管理者，這部分人之於企業，正如骨骼之於人體，發揮支撐和架構的作用。

沒有骨骼，血肉無以依附，人體無法站立。同樣，沒有核心人才，企業整體就會「軟綿綿」，無論設計、生產、採購，還是銷售、服務，都會缺少核心競爭力，支撐不起整個企業。反之，有了核心人才，很多問題都會迎刃而解，即便企業出現問題，只要「骨架」還在，企業照樣有機會東山再起、屹立不倒。

正如西天取經的唐僧團隊一樣，孫悟空毫無疑問就是核心人才，沒有他，唐僧團隊到不了西天，也無法取到真經。而只要孫悟空在，無論遇到多少妖魔鬼怪、遭遇多少困難，都會迎刃而解。這就是核心人才的力量。

那麼，企業操盤手要如何制定培養並留住骨幹員工的策略呢？說實話，我沒有一個放之四海皆準的標準，但我可以提供華為公司在核心人才的策略機制，或許能帶給大家一些啟發。

身為全球500大企業的華為，在全球有近50個分公司，透過分析，企業認為，每個公司內部的中高級管理者是影響企業發展的骨幹員工。這些中高層管理者大部分都是經由公司內部培養和提拔，平均年齡30歲左右，處於「成家立業」的階段，這個階段最大的需求就是房子。所以，華為的人才策略裡針對核心人才制定了一項房子計劃。

策略內容包括，公司統一買房提供給核心人才員工居住，等到核心人才的工作時限滿一定年限，房屋產權就歸其個人所有；或者由公司出面和房地產公司談「團購」，以最優惠的價格買給核心人才，並由公司提供低息貸款，降低員工的購屋壓力。然而，這些方案面臨的問題是，華

策略布局篇：策略是操盤手的頭等大事

為的分公司太多，執行起來太麻煩。最後公司決定，以購屋津貼的形式隨月薪資發放。

問題又來了，購屋津貼發多少？什麼時候發？發多久？針對這些問題，公司開始方案的細化工作。流程如下：

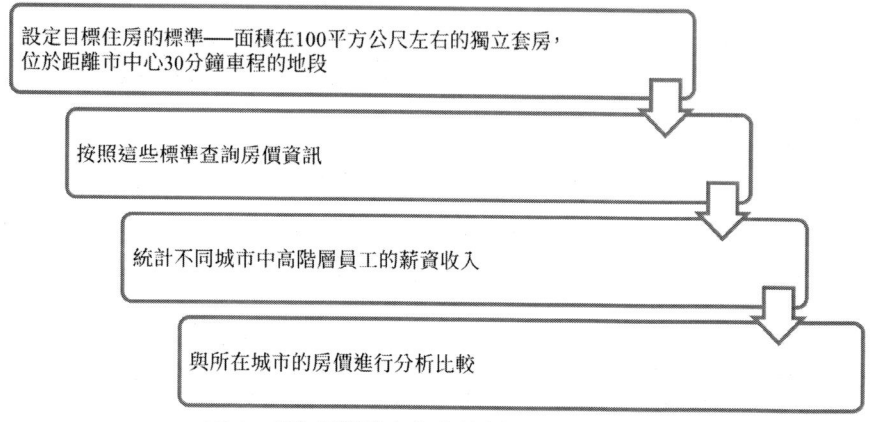

設定目標住房的標準——面積在100平方公尺左右的獨立套房，位於距離市中心30分鐘車程的地段

↓

按照這些標準查詢房價資訊

↓

統計不同城市中高階層員工的薪資收入

↓

與所在城市的房價進行分析比較

圖 6-6 華為針對核心人才制定的一項購屋計畫

根據調查統計結果，公司得到以下結論：主管級別的員工工作三年，總監級別的員工工作兩年後，他的個人存款，足夠支付房子的頭期款；接下來按 5 年分期付款算，每個月的月付款由個人和公司共同承擔。5 年的分期付款結束後，入住時要一次性繳清尾款，加上裝修的費用，相當於一個員工一年的收入。

根據上面這些資料，在新增預算得到允許的情況下，可以確定骨幹員工留任方案的基本要素：主管級別員工滿三年，總監級別員工滿兩年，可以向公司申請購屋津貼，津貼額度為員工每月薪資的25%，每月和薪資一起發放，從申請之日開始，可連續享受 5 年此項福利，5 年結束時，員工可一次性獲得相當於其當年年收入額的入住補貼。

這個方案實施後，預期可以讓大部分核心人才留在公司至少 10 年以

上，這段時間過後，他們已到中年，到時候，流失的的可能性也會大大降低。

很多企業操盤手都羨慕別人的企業裡人才濟濟，但別人的骨幹是怎麼來的？其實就是人才策略制定得好。在好的人才策略下，骨幹才能留下來並且練就本領，才能將自己鍛造成鋼。

優勝劣汰，適者生存

沃爾瑪（Walmart）「天天低價」的競爭策略，使其始終在零售業處於領先地位。

零售業的競爭是非常激烈的。凱馬特（Kmart）和希爾斯（Sears）是沃爾瑪（Walmart）的兩個最大的競爭對手，三家公司的行銷策略非常相似，但是在 1980 年代，沃爾瑪的發展速度是凱馬特和希爾斯的好幾倍。1989 年，希爾斯由於成長速度太慢被遠遠甩掉，沃爾瑪成了行業老大。自此，沃爾瑪開始推行「天天低價」的策略，不僅如此，還將不少名牌商品打上自己的商標推向市場，此後幾乎所有的零售商都採用某種形式的「天天低價」的競爭策略。

在策略實施方面，沃爾瑪把重點放在和供應商與員工的關係維繫上，並且對商品陳列和市場行銷的任何一個細節都「吹毛求疵」，力求最大程度地節約成本，並且打造追求高業績的精神。對於像沃爾瑪這樣的大公司來說，發展過程中經常面臨這種阻礙──管理層次太多，內部交流太少，並且不願做出改變。但是這些因素在沃爾瑪卻不是問題。

雖然「天天低價」的競爭策略並不是沃爾瑪發明的，但是在執行上，沒有一家零售商做得比沃爾瑪更好。在市場中，沃爾瑪有著這樣的口碑：每天都是日用商品最低價的零售商。曾有人做了一項調查，在沃爾瑪開

策略布局篇：策略是操盤手的頭等大事

設商店的區域對顧客進行訪問，調查結果表明 55% 的家庭認為沃爾瑪的價格比其競爭者更低；而在沃爾瑪沒有開設商店的區域，也有 33% 的家庭持有同樣的觀點。沃爾瑪採用各式各樣的方式向顧客宣傳自己的「低價策略」，比如店面牆體、商業廣告、宣傳手冊、包裝袋廣告語等等。

競爭策略是企業發展策略中最重要的一環。

21 世紀的商業戰場充滿腥風血雨，競爭越來越激烈，淘汰率也越來越高。每年都有無數家公司出現，也有無數家公司不堪競爭的壓力淹沒在洪流中，被市場淘汰。

對於企業來說，最有效的武器就是提高自己的競爭力。而對於企業操盤手來說，市場大環境就像一隻老鷹，而我們的企業就是一隻隻嗷嗷待哺的小鷹，企業面臨的競爭環境和小鷹所處的環境非常相似。在這種情況下，操盤手想要讓企業從變幻莫測、險象環生的市場中生存並發展，就必須為企業制定競爭策略，讓企業面對競爭、參與競爭並贏得競爭。

競爭策略是企業發展策略中最重要的一個策略。什麼是競爭策略呢？就是在企業整體策略的引導下，指導和管理具體策略經營單位的計畫和行動。如何經由確定客戶需求、競爭者產品及本企業產品這三者之間的關係，來奠定本企業產品在市場上的特定地位，是企業策略要解決的核心問題。

美國著名策略學家麥可·波特（Michael E. Porter）於 1990 年代末提出成本領先策略、差異化策略和集中化策略之後，操盤手基本上都採取價格戰、功能戰、廣告戰、促銷戰，穩固自己的競爭優勢並打敗競爭對手。但是理想很豐滿，現實很骨感，過分地打壓並沒有讓自己變得更好，而是讓產業進入惡性競爭的循環，大家把所有的精力都放在打敗競

爭對手上，沒有人關心企業的經營，最後只會出現多敗多傷的局面，競爭策略是一場「血」的戰鬥。

在這場「血」的戰鬥裡，沃爾瑪採用了以下三種競爭策略，我們一起來分析一下它的策略核心。

成本領先策略
降低生產成本
差異化策略
獨特的產品和服務
集中化策略
專注做一種產品

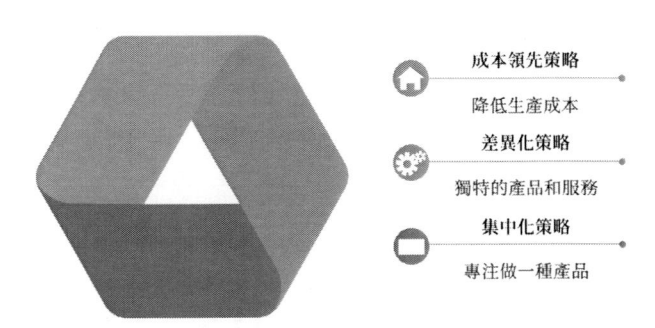

圖 6-8 沃爾瑪的三種競爭策略

◆成本領先策略

成本領先策略就是透過降低自己企業的生產成本和營運成本，以低價提高市場占有率，並且同時獲得同行業平均水準以上的利潤。

沃爾瑪一直貫徹此條策略，不斷擴大規模，降低平均生產成本，實現規模經濟。沃爾瑪 2016 年財報中顯示，沃爾瑪全球 2016 年營業收入達到 4,859 億美元，扣除匯率的影響，則為 4,969 億美元，比上一年度成長 3.1%，將競爭對手遠遠地甩在身後。

◆差異化策略

所謂差異化策略，就是讓產品的效能、服務以及品牌形象與其他產品區分開來，讓自己的產品有很高的辨識度。這種策略重點是創造出行業間和顧客都認同其獨特的產品和服務。

沃爾瑪的差異化競爭主要展現在以下四個方面：

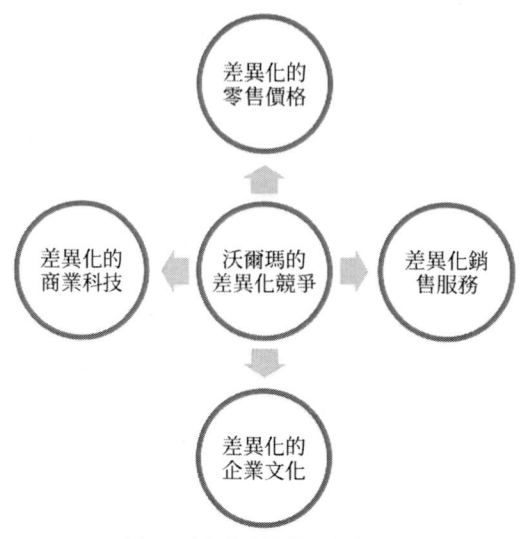

策略布局篇：策略是操盤手的頭等大事

```
          ┌─────────┐
          │ 差異化的 │
          │ 零售價格 │
          └─────────┘
               ↑
┌─────────┐  ┌─────────┐  ┌─────────┐
│ 差異化的 │←─│ 沃爾瑪的 │─→│ 差異化銷│
│ 商業科技 │  │ 差異化競爭│  │ 售服務  │
└─────────┘  └─────────┘  └─────────┘
               ↓
          ┌─────────┐
          │ 差異化的 │
          │ 企業文化 │
          └─────────┘
```

圖 6-9 沃爾瑪的差異化競爭

◆集中化策略

集中化策略也叫聚焦策略，是指企業把策略重點放在一個特定的目標上，為特定的地區或特定的購買者提供特殊的服務。即指企業集中使用資源，以快於過去的成長速度來增加某種產品的銷售額和市場占有率。

這項策略的前提是，企業要將業務專一化，更高效地為某一狹窄的市場服務，超越那些多元化經營的對手們，把相對弱小的分散局面聚攏，形成企業的核心競爭力。比如沃爾瑪一直堅持零售「天天低價」的策略。

總而言之，不管是成本領先的競爭策略，還是差異化和集中化的競爭策略，沒有誰好誰壞，只要是符合企業的發展要求，就是好的策略。企業操盤手可以根據企業的發展情況，三選其一，作為企業的主導策略。也就是說，操盤手可以選擇讓企業的成本比競爭對手低，或是選擇讓企業的產品獨一無二具有鮮明特色，或是只專注做一種產品。

制定競爭策略的三個建議。

第 6 章　發展才是本質—發展策略

企業操盤手要讓企業在競爭激烈的環境中生存，首先要具備強烈的競爭意識，緊緊圍繞「提高企業核心競爭力」這一宗旨，為企業制定競爭策略。關於企業操盤手如何制定競爭策略，結合沃爾瑪的競爭策略，我提出以下三個建議：

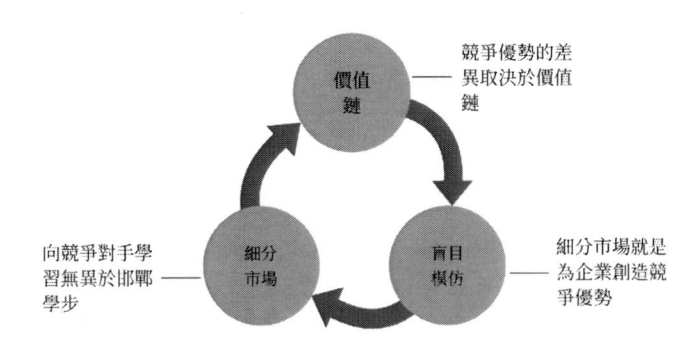

圖 6-10 企業操盤手制定競爭策略的三個建議

◆競爭優勢的差異取決於價值鏈

企業的競爭來自於企業內部的產品設計、生產、行銷、銷售、運輸、交貨等多項獨立活動，這些活動的集合可以透過價值鏈反應出來。什麼是價值鏈？價值鏈就是用來分析優勢來源的基本工具。價值鏈存在於經濟活動的各方面，把自身的價值鏈和對手的價值鏈進行比較，能夠發現競爭優勢的差異。

企業內部各個階段的連繫構成了企業內部的價值鏈，上、下游的關係企業之間構成了產業之間的價值鏈。兩條價值鏈的綜合能力決定了企業的最終競爭力。

◆細分市場就是為企業創造競爭優勢

沒有任何一個市場是天衣無縫的，因為消費者需求不斷變化，市場必須要迎合消費者才能發展下去，因此，市場一定會出現空隙。市場上

策略布局篇：策略是操盤手的頭等大事

從不缺乏「尚未開墾的處女地」。什麼是市場細分呢？市場細分就是操盤手透過市場調查，根據消費者的需求和購買力以及行為習慣的差異等等，將某一產品的市場細分為若干小市場的分類過程。

每一個目標消費群體就是一個細分市場，每一個細分市場都是由有同樣消費需求的消費者構成的。只要操盤手能夠在競爭對手之前發現有價值的細分方法，就可以搶先獲得市場占有率，獲得競爭優勢。

操盤手需要做的就是找到使用者需求，挖掘市場「處女地」。我們不妨從以下幾個方面來發掘潛在市場：

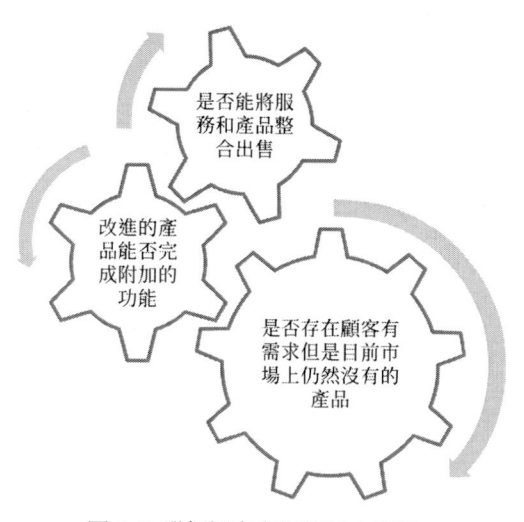

圖 6-11 發掘潛在市場的三大關鍵

沒有賣不出去的產品，只有還沒找到的市場。優秀的操盤手要有一雙善於發現市場的眼睛，抓住每一個細分市場的機會，才能提高競爭力。

◆向競爭對手學習無異於邯鄲學步

說起沃爾瑪大家都不陌生，但是現代超市零售商的鼻祖卻是凱馬特。沃爾瑪在市場競爭中大獲全勝後，凱馬特也開始模仿沃爾瑪，施行

低價策略,對沃爾瑪發起反擊。為了彌補商品降價的損失,凱馬特開始增加能夠為企業帶來較高利潤的服裝銷售。5年之後,這個降價策略以失敗告終,不僅如此,凱馬特還付出了慘痛的代價。凱馬特的新店面在執行該策略的最初3年裡,每平方公尺的銷售額由167美元下降到了141美元。凱馬特所採購的服裝大量囤積在庫,或者清倉大拋售。

這種東施效顰的做法是非常不可取的,但是依然有很多企業操盤手犯此失誤,他們認為,既然競爭對手透過這個方法取得了成功,我們也可以。

操盤手以為,我們只需要學習對手的成功措施,就能扭轉局面,殊不知,要對症下藥才有效,某種方法在競爭對手行得通,但是在你這裡就行不通了。盲目的模仿不僅無法帶給企業任何改變,甚至會把企業引入難以挽回的局面。唯有對市場反應靈敏、搶奪先機,才能幫助企業占據最佳位置,獲得超額利潤。

市場競爭就像買電影票,只有儘早買票,才能選到最佳位置。用模仿、抄襲代替創新,很難擁有自己的核心競爭力。

智慧研發,企業發展的突破之路

華為的智慧研發策略讓企業始終處於行業的領先地位。

2016年,在全球金融環境不太樂觀的情況下,華為逆流而上,三大業務的成長讓同業十分羨慕,全球銷售收入達5,216億人民幣,與去年同期相比成長32%,這一數據在業內相當出色。

在分析師大會上,華為操盤手之一徐直軍做出了精彩的發言:「我們要用今天的投入,建構起華為明天的競爭力。」在會上,徐直軍還回顧了過去一年的成績,他說:「許多人注意到了華為去年的利潤成長,但華為

策略布局篇：策略是操盤手的頭等大事

不會過度追求利潤，而是要堅持投入智慧研發，未來每年將投入100至200億美元研發費用。」

去年，華為斥巨資在研發上，投入金額達764億人民幣，研發投入占營收的比例高達14.6%。這一投入金額在全球排名都是名列前茅。一直以來，研發投入一直是許多企業的罩門，即便企業盈利很多，也捨不得花錢在技術開發上，導致自己的競爭力一直沒什麼提升。而華為，過去十年，在研發創新上的投入累積達到3,130億人民幣。華為在全球建立了36個聯合創新中心，16個研發中心，累積共有62,519件專利獲得授權，而且大部分都是核心專利。

華為之所以能夠持續保持自己的競爭力，始終處於行業的領先地位，和他的智慧研發策略有著很大的關係。華為在很多產業都實現了技術領先，不僅提升了自己的產品品質，還推動了整個行業的技術發展。

局勢越不穩定，越要加強技術投入，亂中有序，操盤手要在混亂的局勢中準確拿捏主行業命脈。徐直軍說：「去年和前年華為也有大幅度的策略調整，即研發投資進一步面對未來，基礎研究和創新投入進一步加大，占比進一步提高，進一步探索面向未來的關鍵技術，使得我們能夠更好地走向智慧社會。」

對基礎領域的投入有多大，直接影響著華為未來的發展。去年的全國科技創新大會上，華為的總裁任正非說：「未來二、三十年，人類社會將演變成一個智慧社會，其深度和廣度還想像不到。華為需要進入基礎理論研究，以此為出發點，用基礎理論創新打破『無人區』的困惑。」

智慧研發的兩個核心策略：技術策略和研發策略。

世界頂級策略大師麥可·波特曾說：「除了技術研發策略，別無選擇。」如果企業操盤手能對這句話進行深入的研究、分析，也許就能發

現企業發展的痛處，找到企業發展的趨勢，這種趨勢不僅戳到了高科技產業的痛點，同時也能為企業指明前進的方向。企業必須要練就內功，注重研發、努力創新，為企業提供強勁的動力。

誠然，促成華為成功的因素有很多，在這些「武林祕籍」裡最關鍵的還是智慧研發策略。華為公司是一家高科技公司，主要結構為「行銷團隊＋研發中心」，從事的是世界上最前端的資訊科技與通訊技術研發與銷售。所以，確保華為成功最關鍵的兩個因素就是核心技術和產品研發。而華為堅信，企業的競爭力來自於核心技術和智慧研發。

如今，華為的企業策略已經成為行業的策略「聖經」，但是學的人多，學精的人少。原因很簡單，與其說他們在學習華為的智慧研發策略，不如說他們在套用華為的 IPD 系統。大多數企業都搞不懂華為 IPD 的精髓是什麼，他們只知道是「整合產品開發」，除了學習一些概念、流程和模板，實際上 IPD 到底是什麼？關鍵在哪裡？要如何運用？怎麼樣才有效？這些企業根本就不知道，更別說了解華為智慧研發策略成功的關鍵因素了。

其實，華為的智慧研發策略主要分為以下兩大塊：

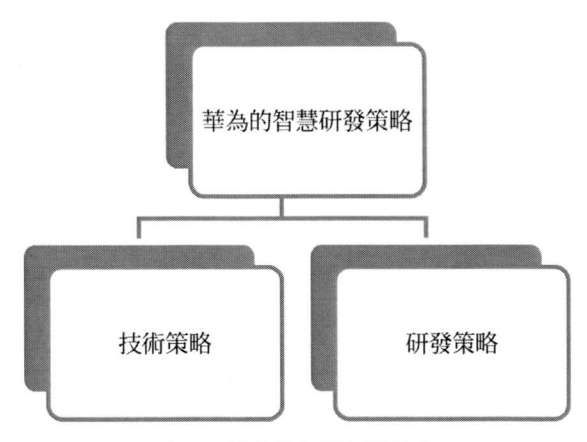

圖 6-12 華為的智慧研發策略

策略布局篇：策略是操盤手的頭等大事

我們首先來了解一下這兩個策略的含義：

技術策略顧名思義就是解決技術上的難題，著重思考如何提高自身的技術，為產品研發提供所需的技術支援。研發策略主要是研究如何快速地響應市場需求，以支撐產品線持續成長。華為 IPD 管理系統，則是更側重研發策略。

在華為早期，為了節約成本，所有產品都是自己開發、自己做，比如配線、包裝箱等都是自己開發生產的。但是隨著業務的成長，企業規模越來越大，繼續延續這種經營管理模式肯定是不現實的，說不定還會把自己拖垮。為了把公司寶貴的資源放到企業的核心業務上，華為從 2000 年開始，就把非核心業務外包，並逐步加大外包的範圍。

具體說來，華為的智慧研發策略概括為以下幾個步驟：

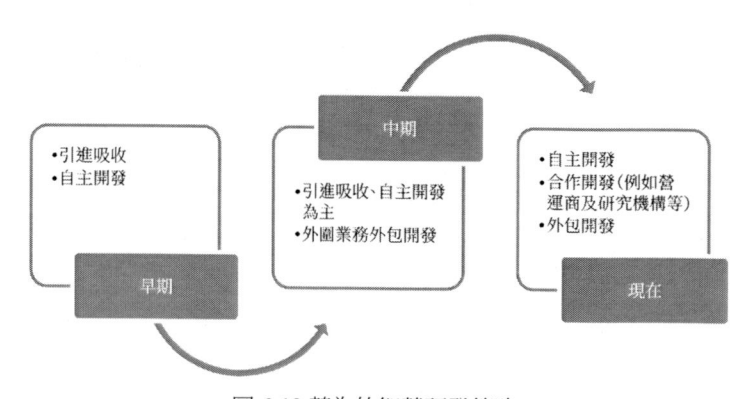

早期
- 引進吸收
- 自主開發

中期
- 引進吸收、自主開發為主
- 外圍業務外包開發

現在
- 自主開發
- 合作開發（例如營運商及研究機構等）
- 外包開發

圖 6-13 華為的智慧研發策略

華為的每個產品和技術在做產品規劃時，同時也確立了研發策略選擇。

研究完華為的智慧研發策略之後，我認為，華為對智慧研發策略的重視是值得所有企業學習和借鑑的。但是，是否要像華為那樣建立很多產品管理組織，我倒認為沒有很大的意義，對於大企業來說，建立產品

第6章　發展才是本質—發展策略

部門或許可以提高研發效率，但是對於小公司而言，這一舉措無疑是勞民傷財。只要加強市場部的市場研究職能、公司高層在年中及年終親自過問或參與，由市場或研發部門主導，將銷售、市場、售後、研發、供應鏈、財務等相關部門組織起來，成立一個專案組，以專案管理的方式來做規劃，就可以獲得較好的效果。

至於華為的智慧研發策略，各個企業可以根據自身的條件選擇適合自己的方式借鑑。畢竟，一千個讀者眼裡有一千個哈姆雷特，同一個研發策略，也不可能適合所有的企業。

智慧研發策略的核心──留住技術人才。

了解了華為研發管理成功的關鍵原因之後，難道企業就應該全盤接收，即刻進行改革嗎？答案是否定的。在我這麼多年的操盤生涯裡，我研究過很多企業成功或失敗的案例。我認為，操盤手應該根據自己企業的行業性質、經營範圍、目標客戶群、產品特徵等有選擇性地借鑑華為的智慧研發策略。在這裡，我著重討論一下智慧研發策略裡的核心──留住技術人才。

在高技術產業，技術型人才就是首要生產力，他們的流動將為企業帶來很大的影響，有時甚至是「滅頂之災」。既然技術人才這麼重要，企業操盤手應該如何留住技術型人才？

在這個問題上，我認為華為做得非常到位。在華為的智慧研發策略裡，有一個核心策略就是留住技術人才。

任正非和華為的操盤手們（華為的操盤手不只一人）一直很重視企業的技術人才，為了留住他們，他們會讓一些高階技術人員擔任重要職務。這樣的留人策略讓華為在同行業中有了無可比擬的優越性，華為企業的管理層既是本行業的佼佼者，又非常了解本行業的行情和變化趨

策略布局篇：策略是操盤手的頭等大事

勢，不僅如此，他們還了解如何運用技術為公司獲取最大利潤，形成了具有強烈競爭力的管理團隊。

然而，此一策略也有弊端，有的開發員、測試員和程式設計師只想在本專業升遷到最高位置，他們不想擔負沉重的管理壓力，因此這種留人策略對他們而言沒有任何吸引力。針對這一情況，華為操盤手們在技術部門建立了專門的技術升遷途徑。建立技術升遷途徑的辦法對於留住熟練技術人員，認同他們並給予相當於一般管理者可以得到的報酬是很重要的。

在職能部門裡，最典型的晉升途徑就是從員工變成指導員、組長，然後發展成為某個專案或者某個領域的經理。在這些經理之上，就是和產品有關的高級職位了，比如產品經理或者產品總監。

同時，華為既想讓內部升遷機制激勵技術人才上進，又想在不同的職能部門之間建立競爭機制。華為透過在每個專業裡設立「技術級別」來達到這個目的。這種級別用數字表示，按照不同的職能部門，剛畢業的技術人才是 9 級或者 10 級，一直到 13、14、15 級。這些數字既能反映技術人員在公司的表現，又能反映一名技術人員的經驗閱歷。技術人才晉升要經過高級主管的考核和批准，並且和薪水密切攸關。這種制度能幫助經理們招收開發員並建立與之相應的薪資方案。

在華為這一晉升制度中，最重要的就是確定開發員的級別。首先，對於華為這樣的技術性企業，能否留住優秀的開發員是企業發展的關鍵。另外，確定開發員的級別能為其他專業提供晉級準則和相應的報酬標準。每個等級的僱員升遷標準和所占比例如表 6-1 所示：

第 6 章　發展才是本質—發展策略

表 6-1 華為企業開發員的升遷標準和所占比例

雇員等級	升遷要求	占全部雇員比例
10 級	大學本科系新技術人員	50%至60%
11 級	碩士學位新技術人員	
12 級	有實力的開發員，編寫代碼準確無誤，而且在某些項目上可以應付特定工作	20%
13 級	從事的工作有跨商業部門性質	15%
14 級	技術人員的正面影響力跨越部門	5%至8%
15 級	技術人員的影響力是全公司範圍	

由於級別與報酬和待遇直接相關，華為就能確保合理地獎勵優秀技術人才並能成功地留住技術人才。

然而，對於那些技術級別上升很快，並且很有能力的人，他們很容易對現有的工作產生厭倦。為了不斷激發技術人才的積極性和創造性，華為允許合格的技術人員到其他部門裡挑戰自己。並且，換部門也是有條件的，這些技術人員必須在自己的領域裡累積了一定的工作經驗。

比如，在同一個專案的兩個版本之間，提供部分技術員工換工作的機會。在本公司的範圍內，還有一部分技術員工在專案與專案之間流動。但是華為並不鼓勵所有的技術員工都去體驗換工作，因為有些重要產品，需要累積大量的經驗，這類產品的技術員工頻繁的換職位是不可取的。透過合理的技術人員流動，能保持技術人員在工作中的新鮮感，同時，產品組和專業部門加入了不同背景和視角的技術人員，也能從中獲得新的發展。

除了上述辦法之外，比較普遍的留住技術人才方式就是讓他們參加職業軟體工程會議。華為還建立了許多內部研討會和學習課程，讓公司的技術人員了解本行業的發展趨勢和其他公司的新觀念、新技術，豐富自己的工作技能。

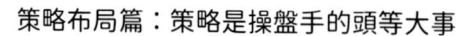

策略布局篇：策略是操盤手的頭等大事

總而言之，華為留住技術人才的方法是值得借鑑的，特別是對於這樣一個發展非常迅速的公司，智慧研發策略能做得這麼完善，是非常難得的。正是由於華為建立了一套讓技術人才脫穎而出和留住技術人才的策略機制，才使其在競爭激烈的行業中能始終保持領先地位。

冬天也是可愛的，並不可惡

華為的冬天。

在華為還處於初創階段時，當時的任正非既是老闆又是操盤手，他說過這樣一句話：「冬天也是可愛的，並不可惡。我們如果不經過一個冬天，我們的團隊一直飄飄然是非常危險的，華為千萬不能驕傲。所以，冬天並不可怕，我們能夠度過的。」誠然，華為的成功有著很多因素，但我認為這其中必定有任正非的功勞，其操盤企業時制定的危機策略，將危機轉為有利於自己發展的轉機。

即便後來華為已成為全球 500 大企業，以 29 億人民幣的利潤位居中國電子業第一把交椅時，任正非仍大談危機策略。他在一次公司內部談話中頗有感觸地說：「10 年來，我天天思考的都是失敗，對成功視而不見，沒有什麼榮譽感、自豪感，而只有危機感，也許是這樣才存活了 10 年。我們大家要一起來想怎樣才能活下去，才能存活得久一些。失敗總有一天一定會到來，大家要準備迎接，這是我從不動搖的看法，這是歷史規律。」任正非的這段話被編入《華為的冬天》在業界廣為流傳，深受推崇。

誠然，「華為的冬天」並非只是華為的冬天。正如在《華為的冬天》書中最後，任正非指點江山地說了一段話，我感同身受，現在我把它摘錄下來，希望對你也有所啟發：

「沉舟側畔千帆過，病樹前頭萬木春。網路類股的暴跌，必將對兩、三年後的建設預期產生影響，那時製造業就慣性地進入了收縮。眼前的繁榮是前幾年網路大漲的慣性結果。記住一句話『物極必反』，這一場網路、裝置供應的冬天，也會像它熱得人們不理解那樣，冷得出奇。沒有預見，沒有預防，就會凍死。那時，誰有棉衣，誰就能活下來。」

—— 摘錄自《華為的冬天》

意識不到危險就是最危險的。

在現實中，我常常看到某一類操盤手，他們懷有鴻鵠之志，目標向大企業看齊，立志要成為全球 500 大企業。確實，身為企業操盤手，勇於「做夢」是值得推崇的。但我們在「做夢」時，既要看到企業未來的光明前景，也要看到通往成功道路上的危機四伏。

一個優秀的企業操盤手應深謀遠慮，居安思危，為企業制定妥善的危機策略，一旦危機來臨，企業能夠從容面對，安然度過危機。在我操盤企業的過程中，每每遇見「一片叫好聲」時，我往往最最關心的不是企業獲得了多大的成功，而是在不停地思考企業離危機到底還有多遠，預先設想企業發展即將面臨的種種困境，做到未雨綢繆。

「華為的冬天」帶給我一個重要的啟示 —— 意識不到危險就是最危險的。在操盤企業的過程中，危機總會不知不覺地到來，打得企業措手不及，落花流水。因此，我們必須未雨綢繆，樹立居安思危的意識，發現企業的不足之處，為企業制定好危機策略。身為企業操盤手，如果我們喪失了危機感，就好比閉著眼睛開車，「翻車」是遲早的事。

俗話說：「大海航行靠舵手」，作為企業的掌舵人，要時刻警醒自己企業的冬天，要提前營造危機意識，喚起企業的危機感。一個優秀的操盤手必須掌握化險為夷、轉危為安的危機操盤藝術。只有達到了這樣的境界，

策略布局篇：策略是操盤手的頭等大事

才稱得上是優秀的操盤手，我們所操盤的企業才可能在風雲變幻的商界環境中做到成竹在胸，在危機來臨時應對有方，使企業發展壯大。

那麼，企業操盤手應該制定什麼樣的危機策略呢？這裡沒有統一的標準，即使是華為的危機策略，也是不停地在變化。而且一個好的危機策略可能是許多策略的總和。比如，華為在制定 2016 年危機策略時，首先制定的是市場策略 —— 採取集中優勢兵力，各個擊破。先從電信發展較薄弱的國家下手，步步為營，最後攻占先進國家；接著制定的是技術策略 —— 華為深知在如今的時代，擁有核心技術才能在國際市場上縱橫馳騁，所以華為一直拿出銷售收入的 10% 作為研發投入，強調與全球同行在技術、製造和市場開發領域的合作。

同時，華為深知應對危機時，危機意識、預警機制、媒體應對等等都是治標不治本的策略。要真正化危機為轉機，實現企業的科學持續發展，華為在三個層次上制定危機策略。

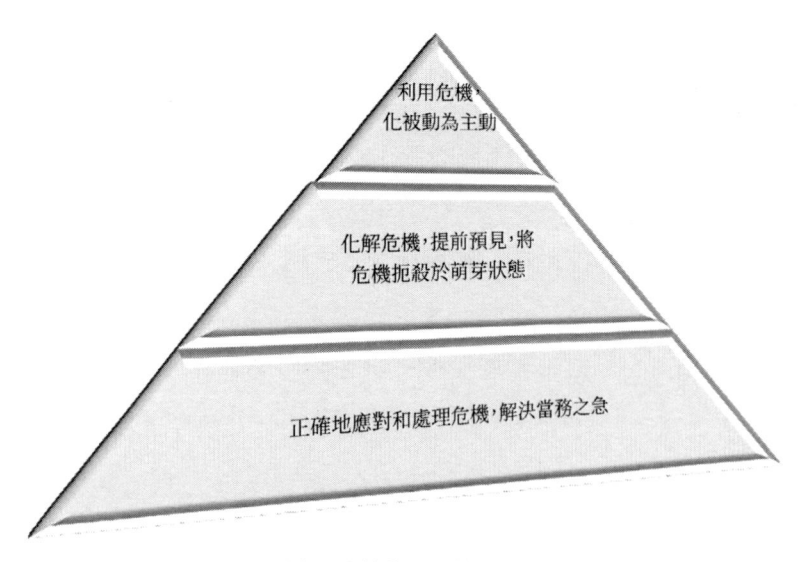

圖 6-15 華為的危機策略

第一層次：正確應對和處理危機，解決當務之急。

當危機發生後，操盤手要沉著應對，主動出擊。但有一點需要注意的是，即使做到這些，也只是盡可能減少損失的措施，而不能徹底避免企業的損失。

第二層次：化解危機，就是要提前預見，將危機扼殺在萌芽狀態。

這就需要操盤手建立起有效的日常工作監督和回饋機制。畢竟，任何危機的產生都需經歷萌芽到發展醞釀的過程，如果我們能提前發現並干預，就能有效地化解危機。

第三層次：利用危機，化被動為主動。

分析危機中蘊含的機遇，藉此大膽布局，迅速行動，達到意想不到的效果。在這方面，某一家日用品化工公司的操盤手做得非常好。在「SARS」流行期間，其以「家庭消毒專家」身分亮相，取得了銷量、品牌雙豐收，這就是企業操盤手善於利用外部危機的典型案例。由此可知，操盤手要善於利用危機，使企業經由危機管理獲得良好的市場回饋。

「危機公關」的正確開啟方式。

華為的危機策略除了前述幾個方面，還有一點非常重要，就是「危機公關」。去年年底，我讀到了一篇著名財經作家、資深媒體人的撰文，名為〈請不要捧殺華為！〉。讀完這篇文章我才明白，由於華為「搞定」了各個行業的老大，才成功塑造了自己的正面形象。可以說華為的危機公關策略比華為的各項業務還要成功，在危機公關方面，我們可以多向華為學習。

2017年4月，華為P10的快閃記憶體出狀況，占據了各大入口網站的頭條，華為對此迅速做出了回應，展示了「危機公關」的正確執行方式。

策略布局篇：策略是操盤手的頭等大事

巧妙卸責

發表聲明，讓大眾聽見我們的委屈

圍堵、抑制不利流言的傳播

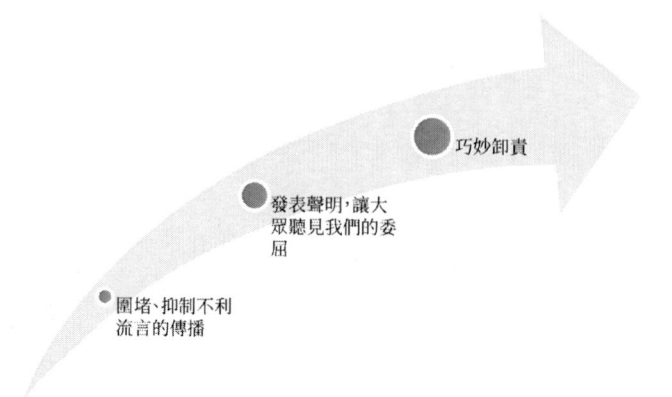

圖 6-16 華為針對快閃記憶體事件的處理方式

◆ 圍堵、抑制不利流言的傳播

危機公關的首要境界，不見其人，先聞其聲——在源頭把握話語權，搶在所有人之前阻止負面訊息的萌芽，華為在這方面，可以說是完美。

華為 P10 上市一個月後，在一些社群裡陸續傳出 P10 快閃記憶體的問題，網友使用不同的 P10，利用同一款跑分軟體，得出的結果是 200、500、700。經過一夜的發酵，越來越多人反應 P10 的快閃記憶體問題，網友們開始質疑華為的產品品質，其中不乏許多華為的忠實粉絲。此時，凡是質疑的貼文才剛上線幾分鐘，就被華為迅速刪除，網友甚至還來不及看完全部內容，頁面就顯示「內容已不存在」。

到最後，華為就如同安裝了「天眼」一般，凡是涉及「快閃記憶體」的貼文，不管和自己是否相關，一律刪文。甚至對那些言辭激烈的網友，華為乾脆直接封鎖。華為的危機公關能力堪稱數一數二。

我們再來看看幾個負面教材，蘋果也曾出現訊號問題，卻因為沒有即時刪文，最後只好承諾全額退費。三星 NOTE7 爆炸事件就更典型，其實並非每一部手機都爆炸了，只要在少數聲音出現時趕緊封鎖，最後便

不需要在美國三大主流報紙的頭條刊登道歉聲明，也就不必全球召回，還得提供補貼了。

◆ 發表聲明，讓大眾聽見我們的委屈

危機公關的第二境界就是發表聲明，大家可別小看那一紙聲明，短短幾行字可以造成扭轉乾坤的效果。可以說「聲明寫得好，公關沒煩惱」。不管事情的真相是什麼，聲明一定要寫得模稜兩可，是非對錯無所謂，只要讓大眾理解我們的委屈，就達到效果了。面對排山倒海而來的質疑，華為發表長文，試圖平息、解釋近期有關 P10 疏油層和快閃記憶體混用的種種討論。

但是，假如我們仔細地揣摩一下他們發表的長文，資訊量還真是不小。可以用「自我誇讚、卸責於供應鏈、偷換概念、顧左右而言他」來形容，不得不佩服其妙筆生花。特別是華為操盤手之一余承東，在社群平臺上的聲明更是聲情並茂，讓這份聲明更有說服力。

在這份聲明中，余承東主要說了 5 件事情：

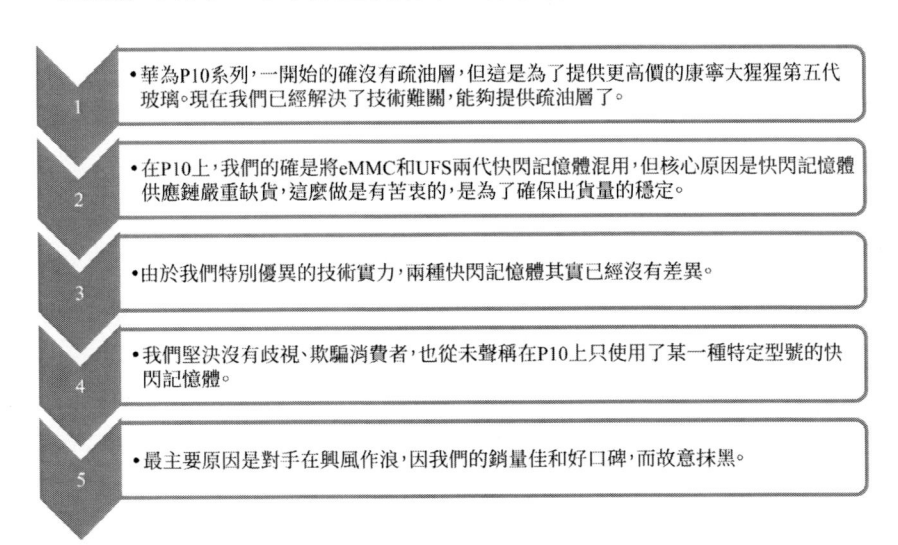

1. 華為 P10 系列，一開始的確沒有疏油層，但這是為了提供更高價的康寧大猩猩第五代玻璃。現在我們已經解決了技術難關，能夠提供疏油層了。

2. 在 P10 上，我們的確是將 eMMC 和 UFS 兩代快閃記憶體混用，但核心原因是快閃記憶體供應鏈嚴重缺貨，這麼做是有苦衷的，是為了確保出貨量的穩定。

3. 由於我們特別優異的技術實力，兩種快閃記憶體其實已經沒有差異。

4. 我們堅決沒有歧視、欺騙消費者，也從未聲稱在 P10 上只使用了某一種特定型號的快閃記憶體。

5. 最主要原因是對手在興風作浪，因我們的銷量佳和好口碑，而故意抹黑。

圖 6-17 余承東關於 P10 的聲明

策略布局篇：策略是操盤手的頭等大事

這篇聲明非常誠懇的告訴我們華為是無辜的，不僅如此，還為廣大群眾說明了事情的真相，最關鍵的是，華為從頭到尾都沒說自己錯了！因為只要認錯，就要賠錢，當初蘋果的訊號事件不就是前車之鑑嗎？為了博取好名聲，又是道歉又是賠錢，明明有更佳解決方式，只是蘋果沒把握好公關的最佳時機。華為絕對不會做這種賠了夫人又折兵的事情。

◆巧妙地卸責

前面說的兩種方法只是危機公關的一般處理方法，雖然可以救急，但卻不能保證高枕無憂。要如何做到萬般流言叢中過，一點汙漬不沾身呢？華為的做法可謂是教科書——巧妙卸責。歸根究柢，還是因為華為太優秀了，一旦有了名氣，多少會有些負面消息，所謂「沒有緋聞的名人不叫名人。」同理，沒有負面消息的品牌就不叫名牌！

你說疏油層問題？這跟華為有什麼關係，當然是供應商的問題。現在大家的手機都貼膜，還有必要塗疏油層嗎？大家都有我卻沒有，這才叫偷工減料，大家都沒有，為什麼偏偏說我偷工減料？

你說快閃記憶體混著賣？這個也得怪供應商。是他們擴大了市場競爭，造成了供應鏈壓力，在這種情況下，我們缺貨還要混著賣，這正好說明我們在保證消費者的利益。如果消費者不買，我們自然就沒這麼大壓力了。

透過對華為危機公關策略的分析，我們可以知道，對一個企業的發展來說，有效的公共關係是非常必要的，在惡性危機事件的處理上尤為重要。當危機事件發生時，企業正確的態度應該是積極面對。危機公關策略恰當，可以幫助企業以最快的速度走出困境；反之，如果企業遲遲不做出回應，那負面影響就會越來越大，甚至讓企業舉步維艱，俗話說「流言猛於虎」，公關做得不徹底時，企業很可能就被淹死在流言中了。

第 6 章　發展才是本質—發展策略

由於企業面臨負面事件的程度不一樣，因此，處理方法也不能一概而論。就其危害性質來說，可以分為重大事故和形象或信譽危機兩種。面對這兩種危機應該如何處理呢？我們來看看圖 6-18：

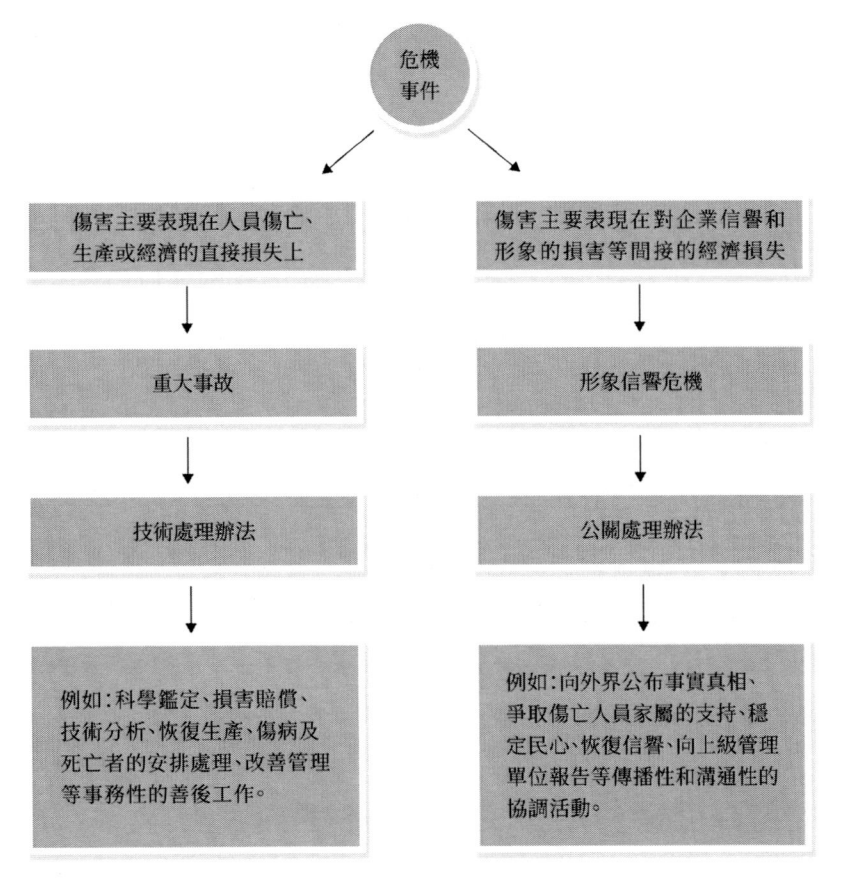

```
                        危機
                        事件
            ↙                        ↘
傷害主要表現在人員傷亡、        傷害主要表現在對企業信譽和
生產或經濟的直接損失上          形象的損害等間接的經濟損失
        ↓                               ↓
    重大事故                        形象信譽危機
        ↓                               ↓
    技術處理辦法                    公關處理辦法
        ↓                               ↓
例如：科學鑑定、損害賠償、    例如：向外界公布事實真相、
技術分析、恢復生產、傷病及    爭取傷亡人員家屬的支持、穩
死亡者的安排處理、改善管理    定民心、恢復信譽、向上級管理
等事務性的善後工作。          單位報告等傳播性和溝通性的
                              協調活動。
```

圖 6-18 危機事件處理方法

然而，在許多危機事件中，兩種情況是同時出現的，只是傷害的重點不同。因此，在處理問題上，應綜合考量兩種方法。

策略布局篇：策略是操盤手的頭等大事

第 7 章　巧妙借力贏天下
── 資源整合策略

縱觀商界，真正成功的企業操盤手，一定是整合優質資源的高手。在操盤企業的過程中，資源非常重要，但最重要的不是你擁有多少資源，而是你能整合多少資源，能讓多少優質資源為你所用。

企業為了尋求持久的、獲利性的成長，往往要與其對手展開針鋒相對的競爭，為實現優勢而戰。然而在目前過度擁擠的產業市場中，硬碰硬的競爭只能令企業深陷血腥的「紅海」之中，在激烈的已知市場空間中與對手爭搶日益縮減的利潤。因此，企業要贏得明天，不僅僅要與對手競爭，更重要的是整合現有資源，將優勢資源聚焦、聚集，開發蘊含著龐大需求的新市場空間，走上企業價值創新的成長之路。若無法整合，便終將面臨困境，這是一個永恆的企業生存法則。

一個人的力量與資源是有限的，但是經過組織和協調，企業操盤手可以把彼此相關卻尚未相連的事物整合在一起，取得 1+12 的效果。

擴大格局，整合資源，取得 1+12 的效果

華人首富李嘉誠依靠資源整合，獲取利潤多元化的「玩法」，將業務推向多元化和國際化。

1960 年代，李嘉誠依靠塑膠經營起家，很快成為「塑膠大王」，他的公司長江實業也因此成功上市。此時，他立刻著手整合資源，出售了塑膠業務，轉向投資房地產，並且收購了和記黃埔集團，獲得了豐富的土

地資源,成為香港地產界的大型企業。

對和黃集團的成功經營,讓李嘉誠迅速成了香港的房地產領頭羊,他開始進一步整合海外的資源。1988 年,他聯合新世界、恆基兆業等企業,獲得了加拿大溫哥華世博會舊址的發展權;1988 年,他又聯合其他企業,拿到了新加坡展覽中心發展權;1992 年,他又取得了日本札幌地產的經營權。

1990 年代中期,李嘉誠發現地產業的利潤開始萎縮,他不停出售手頭擁有的住宅物業,並轉而向海外電信業發展,包括在英國投資電信業、在美國收購通訊器材製造業的股票,以及在 1994 年成立 ORANGE 公司並在英國上市。現在,ORANGE 公司已經成為英國第三大電訊公司,此外,李嘉誠還擁有德國最大電訊公司 MANNOS 的股權。

除此以外,李嘉誠旗下企業的商業模式還包括能源業務、港口業務等。整體來看,和記黃埔原本只是一家虧損的老牌港資企業,但當李嘉誠領導的長江實業入主之後,透過對外界資源的不斷整合,將業務推向多元化和國際化,其商業模式已經涵蓋了港口、電訊、地產、零售及能源等五大核心企業集團。

依靠資源整合來獲取利潤多元化的「玩法」,已經被華人首富李嘉誠「玩」得異常精彩。他在將近 50 年的企業經營管理過程中,依靠這種策略的特點,維持整個集團的穩定發展。

透過謀劃和布局,將企業內部和外部彼此相關但又尚未整合的事物,加以串連、整合,取得 1+1 大於 2 的效果。

雖然李嘉誠如今已是一名老人,但他的謀略智慧卻值得我們每一個操盤手學習和借鑑。透過李嘉誠的謀略,我們可以清楚地看到,在經濟全球化的時代下,只有透過不斷整合資源,才能迅速擴張企業的營利能

策略布局篇：策略是操盤手的頭等大事

力。將手頭的資源充分整合，機會才會變多，而透過資源的整合，也能讓自己企業中不同的業務相互呼應和支持，進而獲取更大的利潤。

馬雲在創立阿里巴巴之前，只有幾個人共同出資 50 萬人民幣，透過引入風投、上市、與雅虎的併購，打造出一個幾百億美金的王國。

到底什麼是資源整合？資源整合注重一個「合」字，「合」具體說來有聚集、適合等含義。資源整合就是把適合自己的訊息整合起來，透過布局，形成對自己企業發展有利的因素，達到 1+1 ＞ 2 的效果。資源整合策略是策略規劃最重要的一步，也是如今企業策略規劃裡應用最廣的策略手段。

阿基米德曾說：「給我一個支點，我將舉起整個地球。」資源整合就是一個巨大的槓桿，可以讓企業快速變得強大。善用小投入運作大專案，作為一個企業操盤手，熟練掌握資源整合，走到哪裡都是長袖善舞。

企業操盤手就是負責整合、調配資源的人，要懂得整合企業的人才、資訊、資產、關係四大資源。

企業操盤手制定的策略具有多少資源整合的能力，就意味著這個策略有多大的獲利能力。為了提高企業操盤手利用策略來整合資源的能力，我曾經提出以下建議：

◆站在策略的頂端俯瞰大局

首先，企業操盤手要能站在策略的頂端高度去俯瞰大局，進而發現整個企業策略在其運作範圍中，利用了哪些資源，哪些資源是閒置的，哪些資源沒有被充分使用，然後再對這些資源進行更好地配置。

企業就是一盤棋，關係錯綜複雜，交叉影響，可謂「牽一髮而動全

身」。面對這盤棋，很多企業操盤手輸了，為什麼？首要原因就是他們把自己當成了其中一個棋子衝鋒陷陣。操盤手應該是什麼人？他必須是下棋的人，是整合、調配資源的人。他必須心有大格局，能夠站在一個制高點上，隨時隨地排兵布陣，控制大局。「跳出三界外，不在五行中」，說的就是這個境界。

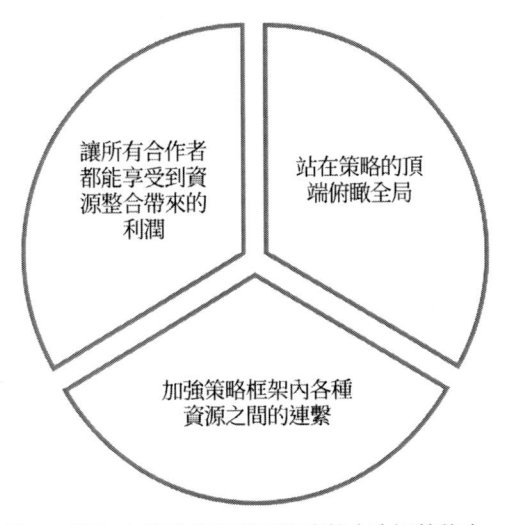

圖 7-2 提高企業操盤手利用策略整合資源的能力

◆加強策略框架內各種資源之間的連繫

　　企業操盤手對企業內、外部各種資源進行整合的過程中，不但要注意在策略框架內加強資源之間的連繫，還要整合不同的資源擁有者及資源需求者。因為任何成功的企業策略，都應該是一種有機的系統，系統內部環環相扣，如果其中某個部分失靈，很可能導致系統的整體失靈。反之，如果系統整合得當，各部門溝通流暢，就能讓資源相互融合並建立市場優勢，進而獲取高額利潤。

　　具體來說，企業操盤手要整合的企業資源主要有以下幾種：

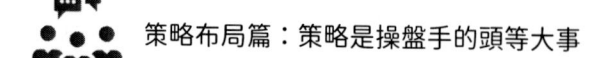

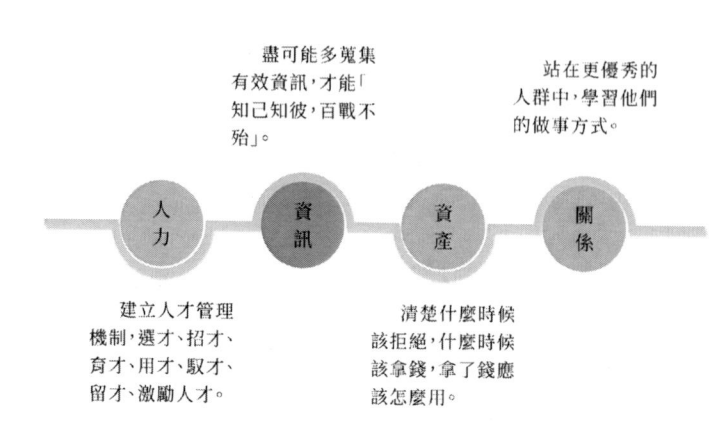

策略布局篇：策略是操盤手的頭等大事

盡可能多蒐集有效資訊，才能「知己知彼，百戰不殆」。

站在更優秀的人群中，學習他們的做事方式。

人力　資訊　資產　關係

建立人才管理機制，選才、招才、育才、用才、馭才、留才、激勵人才。

清楚什麼時候該拒絕，什麼時候該拿錢，拿了錢應該怎麼用。

圖 7-3 企業操盤手需整合的企業資源

◆讓所有合作者都能享受到資源整合所帶來的利潤

強調資源整合為主的企業策略，更注重調動和借用他人的資源。而這種合作行為的前提，在於讓更多的參與者和合作方都能從中受益。否則，我們的商業模式就很難說服更多的資源擁有者來參與合作，因而讓模式的利潤來源漸趨枯竭。

垃圾是放錯地方的財富，沒有不好的資源，只有不會利用的資源。運用資源整合的策略以打造營利模式，是企業操盤手制定策略過程中必須要加以了解和熟悉的布局方法。一個卓越的操盤手，必然能夠高瞻遠矚，全面地看問題，居高臨下地看局面，然後整合企業內、外部的各種資源，充分利用，讓整個企業快速提升。

將優勢資源聚焦聚焦再聚焦

「攜程」集團操盤的資源整合策略 —— 聚集優勢資源。

作為中國領先的線上票務服務和飯店預訂服務公司，相信很多人對攜程集團並不陌生。

172

2003年12月，攜程還是一家名不見經傳的線上票務服務公司，然而正是這一家普通的公司，卻在要求嚴苛的美國證券市場成功上市，而且還一度成為那斯達克過去幾年內二級市場反應最好的上市公司。再看如今的攜程，其市值已近50億美元，早非昔日可比。

那麼，攜程到底是憑什麼擁有現在這樣強大的產品競爭力呢？這就源於攜程操盤手梁建章制定的資源整合策略──聚集優勢資源。

攜程的做法其實非常簡單，無非就是把市場上大量的飯店和航空公司都集中到一個平臺上。儘管攜程截至目前仍然保持著和上市前幾乎沒有差別的、極其簡單的主要業務模式，儘管其仍然是一家利用網際網路和呼叫中心來預訂機票和飯店的分銷公司，但它卻擁有獨特的資源競爭力──攜程本身沒有產品，也沒有什麼特別的優勢，它卻為使用者提供了大量的選擇。

在資源競爭力上，攜程可以說是十分聰明。一方面，它把自己代理的飯店和航空公司的優勢資源集中到一個平臺上加以利用，另一方面，透過網際網路會員註冊的形式吸引來大量會員。如此一來，攜程不僅集中了大量的飯店、航空公司資源，還擁有了飯店和航空公司最重要的外部優勢資源──客戶。

資料顯示，攜程目前優質會員的數量已逾2,000萬。數據是最有說服力的證據，攜程龐大的優勢資源使其當之無愧地坐上「中國最大旅遊公司」的寶座，正是這些優質資源的集中，使攜程擁有了更強大的競爭力，也在合作談判中掌握了更多的話語權。

攜程是中國民營企業中最早建立24小時客服中心的企業之一，即使本身沒有資源優勢，經由集中其他人的資源，同樣在競爭中打造出了獨具優勢的競爭力。雖然隨著社會的發展，很多飯店和航空公司試圖減少

策略布局篇：策略是操盤手的頭等大事

對攜程的依賴，但攜程無與倫比的效率、集中的會員、充裕的資金、統一的平臺等優勢，都將在很長一段時間內繼續發揮其威力。

成功的捷徑在於發現長板，然後無限聚焦。

在操盤手的圈子裡，大家在說「木桶理論」，無非就是說要找到自己的短板，因為短板的高度決定了你的容量，只有不斷提升自己的短板才能增加容量。依我看來，在分工越來越細的今天，這個舊木桶理論在企業的組織架構上也許適用，在個人發展和企業資源整合上卻並不適用。只有發現自己的長處，將焦點集中在自己專長的領域，並將其持續不斷地發揚光大，才能揚長避短，找到成功的關鍵。

比如，現在很多企業只做產品研發，將生產出來的產品找人代銷；也有很多企業找人代工產品，只做行銷；當然，還有如蘋果公司等大企業，他們做的是品牌，其他的都靠合作……其實，這都是針對優勢資源的整合。

不久以前，有一家中小型的媒體公司找我做顧問。過去十年，這家媒體公司都是自己修建廣告地點，認為只有自己動手才能做到最好。誠然，這樣做是不錯，更容易保證各方面的要求，但這個過程中，企業投入的人力和財力都是非常大的。另外，如果廣告地點不是你建的，難道客戶就不會選擇了嗎？

答案顯然是否定的，所以，我向這家企業的操盤手表示，他賺的全是辛苦錢甚至是血汗錢。隨後，我協助他引出一個策略，就是整合優勢資源。經由招標，讓其他在修建廣告地點方面有優勢的企業來做，透過人際關係獲得這方面的優勢資源。

實際上，企業也講究「術業有專攻」。當集中優勢資源之後，該企業得以專心做自己擅長的媒體整合，效果很好。

所以說，企業操盤手要學會整合資源，尤其是集中優勢資源。透過

這麼多年操盤企業的經歷，我得出一個結論，那就是善於整合資源的企業更容易成功，而那些不善集中優勢資源的企業不僅無法獲得集中優勢，甚至還可能如這家媒體公司一樣，使自己的優勢無法發揮。

當然，也有很多操盤手對我說：「我們公司的優勢很單一，無法形成集中優勢怎麼辦？」、「我公司各方面的資源都很一般，該如何突破？」優勢單一總勝過沒有優勢，企業可以與別的企業合作以集中優勢，而對於沒有優勢的企業，也可以集中別人的優勢來增加自己的力量。比如，你可以向攜程學習。

一家企業的失敗往往是劣勢的長期累積，而一家企業的成功則是優勢的最大發揮，集中起來的好鋼都用在刀刃上，自然吹毛斷髮，銳不可當。所以說，成功的捷徑在於發現長板，然後無限聚焦。

企業操盤手要把優勢最大化，聚焦、聚焦、再聚焦。

那麼，對於企業操盤手來說，應該從哪幾方面聚焦優勢，並將其最大化呢？

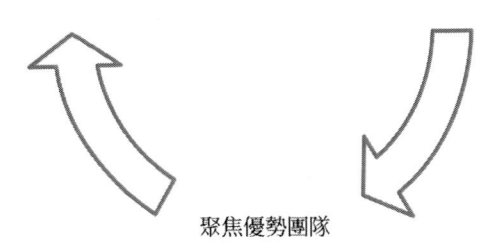

圖 7-5 企業操盤手聚焦三方面優勢

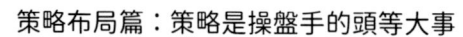

策略布局篇：策略是操盤手的頭等大事

◆聚焦優勢資源

每一家企業都有各方面的資源，比如你之前做媒體工作，那麼在媒體方面你的資源就十分豐富。資源豐富固然是優勢，但如果將這些豐富的資源分散投放到不同的區域、通路和產品上，那麼即使是優勢也會變成劣勢。因此，企業操盤手應當根據自己資源的多少，將優勢資源集中投放到某個區域、通路或產品上，以此將資源轉化為時間，轉化為市場，轉化為競爭力，進而形成市場爆發力。

◆聚焦優勢團隊

團隊是企業各項決策的具體執行者，人員和機構的分散難以獲得明顯的市場效果，團隊資源的分散甚至是企業整體競爭力的重大損失。所以，企業操盤手應該將有限的團隊、甚至菁英團隊，聚焦到某個區域、通路或產品上進行人海戰術式的開發，方能取得事半功倍的效果。

◆聚焦優勢消費者

聚焦優勢消費者類似於精眾行銷，也就是企業操盤手集中物力、財力和精力找出精眾人群。一旦精眾族群認識、認同並推薦企業的產品，那麼製造消費流行趨勢，形成產品口碑行銷就易如反掌了。

策略布局就好比是一場戰爭，只有選對戰場、戰術，才是選擇了勝利。在這個過程中，最忌分散資源，資源不聚焦或不到位，很難形成市場爆發力，唯有把優勢最大化，才能鞏固「根據地」發展的基礎。

尋找策略合作夥伴，共舉大業

尋找策略合作夥伴如同一場理智的婚姻。

策略合作夥伴是企業非常重要的資源，在操盤手的圈子裡有這樣一

種說法：尋找策略合作夥伴，就像是一場理智的婚姻。為什麼這麼說呢？

很多女孩子在擇偶問題上，會煩惱到底是選擇我愛的人、還是愛我的人，這樣的問題我聽過很多，這樣的情況我也遇見過很多，我相信大多數專家和父母給孩子的建議都是：如果無法兩全，那麼戀愛的時候找我愛的人，結婚的時候找愛我的人。為什麼要與愛我的人步入婚姻殿堂？因為愛我的人在婚姻中才能給予我們更多的包容和關愛，而若選擇我愛的人，我們百般討好卻不一定能換來真情相對，如何能有婚姻幸福？

從某種意義上來講，尋找策略合作夥伴與尋找相伴終身的伴侶是一樣的，「愛我的人」其實就是那些「志同道合」，認同我們所在行業、認同企業家、認同公司價值觀的合作夥伴，這樣的人往往會成為企業寶貴的資源。

在尋找合作夥伴的過程中，內心的渴望非常重要，只有那些認同企業的合作夥伴，才能和公司在基本問題上達成共識，即便在合作的某些方面存在分歧，也能夠溝通、諒解，這樣才能讓合作雙方實現雙贏。

正所謂「道不同，不相為謀」，如果合作夥伴不能與我們志同道合，那麼遲早分道揚鑣，甚至不歡而散。所以說，企業操盤手在尋找合作夥伴的時候，一定要尋找「愛我們的人」，只有真正的「愛人」才能為企業帶來最好的效益，使企業獲得最好的發展與未來。

職業化的策略合作夥伴對企業發展至關重要。

關於如何與策略合作夥伴合作，才能讓企業得到最有效的發展，寶僑（P&G）與沃爾瑪（Walmart）幾十年的策略合作夥伴關係可以為我們解答。

沃爾瑪和寶僑都是從小鎮起家，經多年的發展才成為今天的龐然大

物。最初，二者的合作只停留在一些雜事上，其中也不乏因價格而引發的爭論。不過，隨著合作的深入，這兩家企業不再只關注自己的內部業務，逐漸向職業化夥伴發展，在更深更廣的層面上開啟合作。

如今，沃爾瑪和寶僑之間的合作已從採購與銷售的對話，轉變為資訊部之間的對話，甚至是操盤手之間的對話。他們建立了共同的職責，諸如一切以消費者為中心、分享相關資料、加強兩個公司之間人員的培訓等等。具體表現在以下幾個方面：

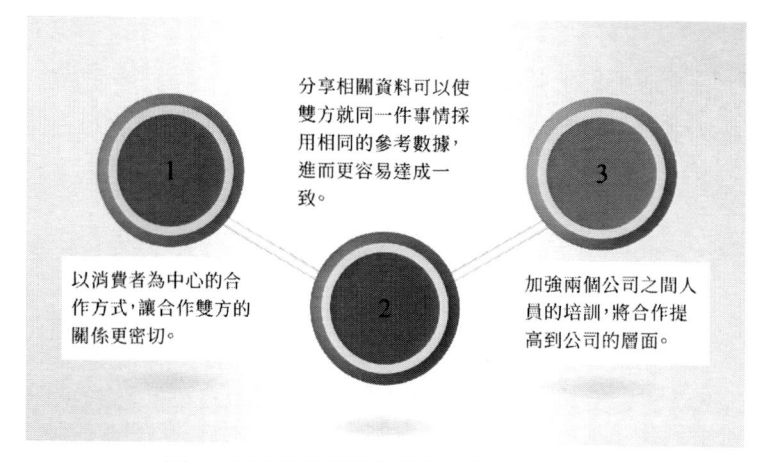

1. 以消費者為中心的合作方式，讓合作雙方的關係更密切。
2. 分享相關資料可以使雙方就同一件事情採用相同的參考數據，進而更容易達成一致。
3. 加強兩個公司之間人員的培訓，將合作提高到公司的層面。

圖 7-6 沃爾瑪和寶僑在供應系統的合作策略

總之，這兩家企業在長期合作的基礎上，展開了整個供應系統的完美合作。沃爾瑪和寶僑策略合作的成果如何？這兩家公司的共同成本大幅減少，而共同的行銷利潤則明顯增加。當然，沃爾瑪和寶僑之間的合作也存在挑戰，如何維護和改進現有的合作關係，繼續在行銷當中大放異彩，是這兩家企業需要持續考慮的問題。

事實上，沃爾瑪和寶僑公司之間的策略合作已經超越了兩家企業本身，彼此互相認可，共同關注雙方的行銷資源和合作前景，也在合作中獲得了雙贏。由此可見，職業化的策略合作夥伴對企業發展至關重要。

借勢、謀勢,全方位整合資源,行銷就該這麼玩

小米全方位整合資源的行銷策略,使其成為中國手機銷售冠軍。

小米是一家非常年輕的公司,成立至今不過 7 年,小米的第一款手機是 2011 年 8 月發表的,當時,小米才一歲。在不到四年的時間裡,小米的年銷售額達到 280 億元人民幣,公司估值已超過 100 億美元。更令人驚訝的是,小米幾乎是採「零投入」的行銷策略,透過品牌、通路和團隊等全方位整合資源的行銷策略,成為中國手機銷售冠軍。

小米有句廣告詞叫做「為粉絲而生」。這是小米的品牌定義,也是市場定義。也就是說,小米會用高品質來要求產品品質,做出來的產品不僅要讓消費者尖叫,還要讓無數的路人變成小米的粉絲。「讓使用者尖叫」是小米的邏輯,雷軍說:「口碑的真諦是超過預期,只有超出預期的東西,大家才會形成口碑。」因此,小米讓使用者尖叫的方式就是「高配備、低價格」。

小米發表的每一代手機,在當下都是業內最高配備,也是「搶首發」的策略。因為是首發,所以買到手機的消費者都會很滿足,甚至還會拿出去炫耀。小米 1 採用的是中國首家雙核 1.5G 晶片,而定價只有 1999 元人民幣的價位區間,性價比超出消費者的預期。小米手機製造了「使用者尖叫」,且供不應求。

接著,小米 2 打的是四核高效能晶片,首款 28 奈米晶片,當時,大部分主流手機的記憶體都只有 1G,小米 2 將記憶體標準提升到 2G。作為當時的「最高配備」,價格依然是 1999 元人民幣的中檔價位區間。這種尖叫效應慢慢成為習慣,以至於後來上市的紅米、小米 3、小米機頂盒、小米電視,甚至小米插線板等都出現供不應求的局面。

在銷售通路上,傳統企業從產品研發、上市、再到消費者手上,便完成了整個銷售流程。但是小米則以終為始,從微博(抓客)到官網(交

付），從產品到社群（留客）和 WeChat（CRM），再返回微博，從線上到線下，發表會，米粉節，甚至小米之家，凝聚了小米使用者，從線下到線上，又形成了新的傳播點，讓使用者不斷地接收有關小米的訊息。

2013 年 11 月 3 日，某電視臺以小米手機的網際網路開發模式為例，詳細介紹了小米公司是如何透過網際網路和使用者互動，促進產品研發。在節目中，小米還展示了根據老年使用者的需求，專門為老年人設計了一項功能。小米手機把使用者當朋友，根據使用者的建議改進產品，數以萬計的「米粉」成了小米強而有力的智囊團。每天都有使用者透過社群網路、小米論壇提供意見，粉絲們源源不斷地為小米提供產品靈感，還自發地為小米進行口碑傳播。

傳統的行銷方式早已退出了競爭的舞臺，企業想要保持高話題度就要與時俱進。小米團隊一年四季都有不斷的話題以維持關注度。小米在社群平臺上發表的第一個話題是「我是手機控」，讓大家都來秀一秀自己玩過的手機。

最經典的案例還是小米青春版手機上市時，策劃了一個「我的 150 克青春」話題，並在話題轉發的使用者中抽取幸運使用者，贈送小米手機，3 天送出 36 臺小米手機。在青春版手機正式上市時，答案揭曉，原來小米青春版手機的重量就是 150 克。話題的趣味性加上獎品的誘惑，微博轉發高達 203 萬次，小米官方微博帳號粉絲增加 41 萬人。

2013 年的雙 11 電商大戰上，小米 5.5 億的銷售額讓其他商家望而卻步，但是對小米來說，卻是整體目標的 2% 不到。那麼小米參加雙 11 的目的是什麼？僅僅是為了蹭熱度，博關注嗎？不是，是為了製造大話題！雙 11 的傳播力度大家有目共睹，其宣傳意義遠遠大於銷售意義。著名演員林志穎在微博上暗示，想為自己的兒子打造一款 KIMI 手機，雷軍馬上回覆「這個夢想很容易實現，我們早已註冊黑米手機品牌，用 MIUI

訂製 KIMI 主題，再加小米手機，如何？」

作為一款中國製手機，小米自上市起就受到了廣泛的關注，和之前的中國製手機不同，小米手機透過資源整合，利用飢餓行銷、參與式行銷、話題行銷以及採用線上經營等行銷商業模式，為其他營運商提供了可借鑑的方式。

全方位整合行銷策略的三張大網──品牌行銷策略、通路行銷策略、團隊行銷策略，網羅天下財富。

對於企業來說，無論你做的是產品還是服務，都離不開行銷。如今的市場是，消費者需要什麼，企業就生產什麼，結果消費者還經常不買單。為什麼？商品選擇太多了，若只是默默無聞地生產，無論產品或服務有多好，都會被淹沒在一波又一波不斷出現的商品裡。此時，不會做行銷的企業，就像一個不會說話的人一樣，可謂天生殘疾。

縱觀小米的整個行銷策略，其成功之處就在於從品牌行銷策略、通路行銷策略、團隊行銷策略這三方面著手。依我看來，這是行銷策略的三張大網，只有全方位整合，將這三張大網羅織到位，才能真正「網」到更多客戶、更多利潤。

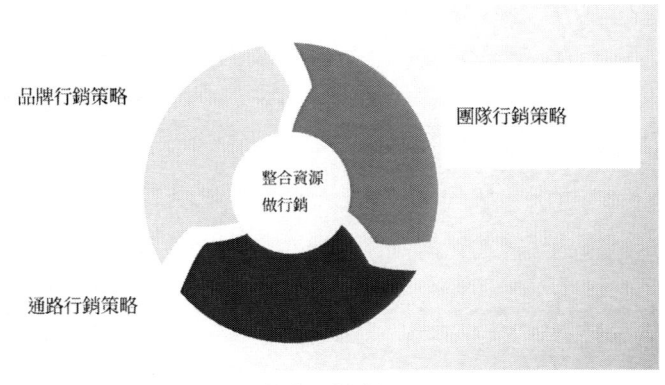

圖 7-8 整合行銷資源

◆品牌行銷策略

品牌首先是一種體驗，也就是品牌的理念或者是它的優勢。品牌行銷越來越成為企業行銷力的重要部分，不做品牌行銷，或者是品牌行銷做得不好，都會直接影響到企業的行銷成果，降低消費者對產品和品牌的忠誠度。

然而，有很多闖過大風大浪的企業操盤手並沒有意識到品牌行銷的重要意義。現在的市場已經不是過去那種江湖紛爭式的競爭市場，而是在一個相對受到規範的競爭環境中，爭取更多的市場占有率。所以，要將企業做成百年老店，要讓企業基業長青，必須從開始創業就有品牌的理念和觀念，這是喚起消費者重複消費的最原始動力。

◆通路行銷策略

行銷通路指的是「某種貨物或勞務從生產者向消費者移動時，取得這種貨物或勞務所有權或幫助轉移其所有權的所有企業或個人」。簡單點說，行銷通路就是商品或服務從生產者向消費者轉移過程中，如經銷商、代理商、零售店等實際店面或機構。

通路是企業非常重要的資產，產品的品牌再響亮，沒有通路也很難銷售出去。舉例來說，當我們從電視或其他傳播管道得知了某個品牌的資訊，對其「一見鍾情」，但在商場卻遍尋不得該品牌，你還會繼續鍾情嗎？答案不言而喻。所以說，唯有建立和完善產品的通路管理系統，讓消費者隨時隨地都能購買到我們的產品和服務，才能在企業間激烈的競爭中脫穎而出。

◆團隊行銷策略

從某種程度上說，行銷不過就是兩件事：一件事是鋪路，另一件事就是結網。路鋪得越寬越厚，行銷的過程就越順暢；網結得越大越廣，

行銷的資源就越豐富，範圍就越廣，目標客戶就越多。

不僅是小米的團隊行銷贏得了市場的認可，華為的「狼性」文化行銷在業內也頗負盛名，華為崇尚「狼性」行銷源於狼的三種特性：有良好的嗅覺、反應敏捷以及發現獵物後會集體攻擊，尤其是最後一點備受華為推崇。

華為被稱為最有「狼性」的企業，如果說行銷策略是華為的核心競爭力，那麼華為核心競爭力的核心，就是擁有一支由「狼群」組成的行銷團隊，他們效率之高、配合之好，堪稱一流，是讓對手難以超越和戰勝的根源所在。華為的「狼性」行銷告訴我們，不管華為的冬天是否到來，其狼性文化都能為華為找到棉襖。

再好的產品，沒有龐大的行銷團隊也無法走下生產線、走到消費者手中；再好的品牌，行銷團隊不出力，也無法美名遠颺；再完善的通路，沒有完美執行的行銷團隊，也無法保證產品和服務的持續銷售。所以，企業行銷力的增加，必須以團隊行銷力的增強為標誌，而團隊行銷力的增強就是要打造以結果為導向、為結果而戰的行銷團隊。

網路建設得越緊密，牽涉的範圍越廣泛，它的價值就越大，品牌、通路、團隊，這三者缺一不可。「臨淵羨魚，不如退而結網。」如果企業的行銷策略總是不盡如人意，那麼，不妨看看是否具備行銷力的這三張網，然後盡力整合資源，織得密不透風，網羅天下財富。

企業操盤手要在市場中審時度勢、順勢而為。「謀勢者」才能把握市場的脈搏，花小錢辦大事。

除了織好這三張網，企業操盤手在進行全方位整合行銷時，還必須懂得借勢、謀勢。

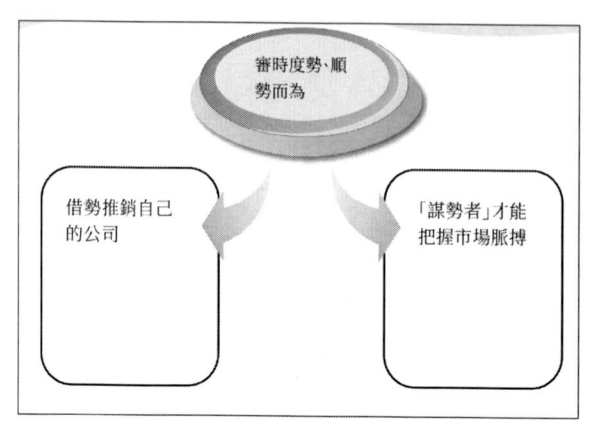

策略布局篇：策略是操盤手的頭等大事

圖 7-9 企業操盤手要在市場中審時度勢、順勢而為

◆借勢推銷自己的公司

古人云：「君子生非異也，善假於物也。」這句話就是告誡人們要善於利用周圍的條件，爭取最大成功，尤其是企業操盤手，一定要學會借力使力。

經由小米企業的發展歷程，我們發現「藉助熱點或重大事件」是提升企業知名度最直觀的方法。當然，把企業推銷出去的方法有很多，比如自己發起熱度話題，蹭某個話題的熱度，或者借競爭對手之危進行炒作等。不管用什麼辦法，操盤手的目的只有一個，就是打響企業的知名度，並把大眾的注意力轉化為購買力，進一步提高企業的經濟利益。

借勢或利用別人並不全是醜惡的，而是各取所需。一個人在社會中，如果沒有朋友，沒有他人的幫助，其境況會十分糟糕。普通人如此，一個企業更是如此。

◆「謀勢者」才能把握市場脈搏

《孫子兵法》曾提到：「湍急的流水，飛快地奔流，以致能沖走巨石，這就是勢的力量。」企業在激烈的商戰中，唯有拔得頭籌，才能先聲奪

人。對於中小企業而言,知名度低是正常的,因此,企業操盤手需要透過造勢提高自己的知名度,開啟被動的局面。然而身為知名企業已經有了名氣,為什麼還要繼續造勢呢?因為,名氣只是一時的,在這個快節奏的時代,企業想要保持自己品牌的熱度,就要不斷造勢,不斷炒熱度,才能鞏固自己的市場地位。不造勢,消費者視而不見;造了勢,就可能為消費者帶來衝擊,引發強大的轟動效應。

假如我們的產品是鑽石,依照鑽石的價格買了它,就是保值,但若我們把鑽石依普通玉石的價格賣出去,那就是虧本;假如我們的產品是普通玉石,但我們用鑽石的價格賣了出去,就是盈利。不僅盈利,還讓我們的產品增值了。對於操盤手來說,宣傳造勢,就是把普通玉石包裝成鑽石,讓消費者心甘情願並引以為傲地支付鑽石的價格購買普通玉石。

在商場有這樣一句話:「三流企業做事,二流企業做市,一流企業做勢。」因此,行銷的本質就是「造勢」、「借勢」、「謀勢」。企業操盤手造勢水平的高低,將直接決定企業能否脫穎而出,獲得成功。

企業操盤手想要成功行銷,最明智的辦法就是在市場中審時度勢、順勢而為。「謀勢者」才能把握市場的脈搏,花小錢辦大事。

整合品牌資源,成為資本的寵兒

值得借鑑的品牌策略 —— 蘋果公司的品牌策略。

自賈伯斯 1997 年回歸奄奄一息的蘋果公司算起,僅花費短短十四年的時間,就讓蘋果重振往日輝煌。蘋果的成功基因為何?

以下就幾個方面跟大家分享蘋果的品牌策略基因,希望對企業操盤手有所啟示。

策略布局篇：策略是操盤手的頭等大事

首先，品牌文化是靈魂。在美國九家高科技公司之中，微軟的起薪是最高的，蘋果最低，但是蘋果公司居然位於員工滿意度的榜首。可以想見，蘋果自身獨特的品牌和企業文化發揮了強大的作用。擁有這樣一群高智慧並且高滿意度的員工，蘋果在競爭中，又怎麼可能不成為市場的王者呢？

其次，蘋果品牌策略的重點是情感。賈伯斯認為「情感的經濟」將取代「理性的經濟」。正是基於這一點，現在的大眾消費者大都以使用蘋果品牌為榮，蘋果品牌也逐步演變為時尚文化的一部分。

然後，定位是關鍵。蘋果借 iMac 和 iPhone 優勢推出的 iPad，上市只有一年多，已經占據了百分之七十的市占率，同時作為行業的領導者，蘋果也不斷地教育和拓展這個市場，甚至搶占其他的產品市場。這樣的策略令其他替代品產業，例如電子書產業，處於風雨飄搖之中，正走向倒閉破產的邊緣。而與此同時，蘋果則藉助準確的定位與資源的整合，配合得當的營運策略組合，建構了成功的基因。

最後，創始人的堅持是保障。我們只看到賈伯斯 1997 年後帶領蘋果節節高升，但又有多少人知道賈伯斯被自己一手創辦的企業掃地出門呢？之後的事業也是起起落落，有成功更有失敗。但是，不管面臨什麼樣的困難，賈伯斯始終都沒有放棄自己的理想，堅持越挫越勇，從錯誤中領悟經驗，讓下一次更出色。

品牌策略缺失將使企業危機重重。

在我做企業操盤手的這些年，很多人問過我：「一名優秀的操盤手應該如何界定呢？」我往往告訴他們，一名操盤手是否成功，是否優秀，要看他的企業經營是否成功，而企業經營成敗的主要標準之一，就是有沒有一個響亮的品牌。

一年企業拼產品，十年企業拼品牌。優秀的操盤手，一定會把品牌策略放在企業策略的第一位。尤其是在以市場經濟為主導的 21 世紀，品牌理念已經日趨成熟並深入人心。唯有在品牌策略中勝出的企業，才有可能在銷售層級中獲得持續成長，並不斷累積品牌資產，同時在企業層級形成資本。反之，一個企業若沒有品牌，操盤手不懂得品牌策略管理，那麼很可能就會使企業陷入重重危機之中。

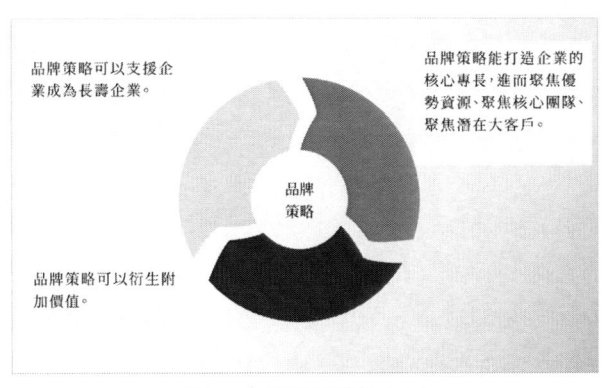

圖 7-10 品牌策略的作用

◆沒有品牌策略，企業只能當「搬運工」

眾所周知，中國是世界上著名的生產大國，卻始終處於整個商品鏈的最低端。為什麼？主要就是因為沒有品牌。企業也是如此，如果你沒有品牌策略，那麼就只能是「搬運工」，把東西生產出來，拿個加工費，然後成品給別人，讓別人貼個商標，支持別人成為長壽企業。

◆沒有品牌策略，企業經營、產品銷售自然舉步維艱

可口可樂的前執行長道格拉斯·達夫特（Douglas Daft）曾信誓旦旦地說：「假如某一天早上醒來，可口可樂遍及各地的工廠被大火燒得乾乾淨淨，但我僅憑『可口可樂』這四個字，就可以馬上讓一切重新開始。」這就是品牌的力量。

策略布局篇：策略是操盤手的頭等大事

品牌是有溢價的，它能創造出這個名字以外的價值。同樣一款手機，我們為什麼要買蘋果？蘋果手機真的比別的好用嗎？也許不一定。大多數人用手機無非打電話、發簡訊，現在可能又多了上網、發社群文章。試問，現在哪一部智慧手機沒有這些功能？但消費者卻對特定品牌瘋狂追捧，有些極端的年輕人甚至不惜賣腎去買，為什麼？還是品牌的力量。品牌打響了、名氣大了之後，開始產生附加價值，消費者會自發地賦予企業信任、認同，甚至形成品牌忠誠度。如果沒有這些，企業經營、產品銷售自然舉步維艱。

◆沒有品牌策略，就像「租房子」，沒有品牌溢價而言

品牌策略能夠打造企業的核心專長，然後聚焦、聚焦、再聚焦——聚焦優勢資源、聚焦核心團隊、聚焦潛在大客戶。這是企業快速發展的必要條件。那些不懂品牌策略的企業，常常東做一點、西做一點，這種做法，根本無法形成企業的競爭優勢。企業經營整體來看，就像「租房子」一樣，不斷換地方，根本沒有品牌溢價而言。

品牌是企業的無形資產，它不僅意味著產品本身，還意味著更多的附加價值。沒有品牌策略，就沒有品牌帶來的知名度、市場影響力、消費者忠誠度，那麼無論你的企業名字、口號再華麗，也和張三、李四、阿貓、阿狗沒有什麼本質區別。

品牌，是一個企業的精神名片，而品牌策略也是操盤手必須要制定的企業策略之一。在整個企業經營中，大品牌、好品牌意味著顧客的滿意度、忠誠度，也直接決定著企業的利潤。因此，企業操盤手一定要謀劃布局，做好品牌策略。

品牌策略的核心：建立高知名度，形成視覺效應，讓品牌爆發。

理解問題並不是目的，目的是解決問題。那麼怎麼辦？要想改變這

種情況，企業操盤手就必須建立企業品牌，做好品牌策略管理，提升品牌影響力。當然，品牌策略並非朝夕之功，消費者頭腦中的品牌認同是在一次又一次不斷地疊加、重複的過程中逐漸形成的，我們只有在做好品質、做好服務、做好宣傳的基礎上長久堅持，才能讓品牌深入人心，創造更多價值。

品牌概念由來已久，但到底如何制定好的品牌，卻始終莫衷一是。然而似乎大家有一點想法是相通的，那就是首先要建立高知名度，形成視覺效應，讓品牌爆發。

知名度重要，但知名度不等於品牌策略。公共關係通常有兩個要素：一個是知名度，另一個就是好感度。我們知道，一個人流傳千古，不一定是因為他的豐功偉業，還有可能是因為他臭名昭彰。企業品牌策略也是如此，知名度高只能證明知道的人多，並不能證明這就是好品牌。品牌是一個涵蓋範圍非常廣的概念，它不僅包括品牌知名度，還包括品牌信任度、好感度、忠誠度等。只有這些都到位了，才能算是一個高溢價的品牌策略。

那麼，我們如何才能提升品牌的信任度、好感度、忠誠度，進而打造一個好品牌，而不僅是有知名度的品牌呢？

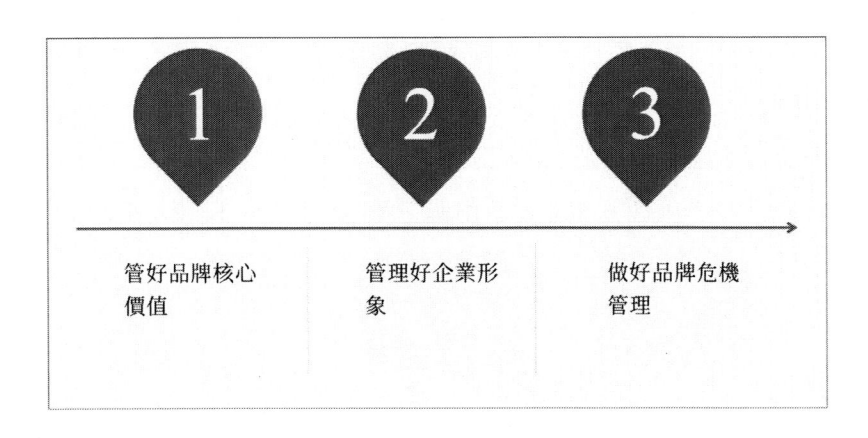

1. 管好品牌核心價值
2. 管理好企業形象
3. 做好品牌危機管理

策略布局篇：策略是操盤手的頭等大事

◆管好品牌核心價值

沃爾瑪是世界零售大廠，進入中國以後也非常受歡迎，我想這和它的核心理念——「讓窮人用富人的東西」是分不開的。消費者去超市買東西，圖的無非就是物美價廉，在這方面沃爾瑪做得非常好。品牌策略需要全員參與，在沃爾瑪，不僅公司高層始終堅守使命，所有員工頭腦中也都有使命的概念，對於他們來說，他們不是在賣產品，而是在替窮人省錢，他們不是在工作，而是在做一份替窮人省錢的事業。因此，多賣出了一件東西，就意味著他們多創造了一份價值。如此一來，工作起來自然更加用心，隨之而來的就是越來越高的顧客滿意度和更響亮的品牌。

好品牌必然有一個核心價值，或者是核心使命或信念，迪士尼品牌的使命是「為人們製造快樂」；IBM 的品牌使命是「無論是一小步，還是一大步，都要帶動人類的進步」；華為的品牌核心理念是「為客戶服務，是華為存在的唯一價值」……企業操盤手在制定品牌策略時，必須始終堅持這些核心價值，一切經營活動以其為導向，而不僅只停留在文字的層面上，企業品牌才能深入人心，才能創造更多價值。

◆管理好企業形象

曾經，在中國乳製品行業，三鹿首屈一指，產品暢銷全中國，是人們眼中值得信賴的品牌。但是從 2008 年開始，中國出現多例嬰幼兒因服用三鹿奶粉而患病的案例。最終證實三鹿奶粉中含有三聚氰胺。對於消費者來說，這無疑是個重磅炸彈。而三鹿企業形象蕩然無存，隨之而來的就是品牌的轟然倒地。

所以，在建立和維護品牌的過程中，企業操盤手一定要注重自身的形象建設。對於操盤手來說，在一定程度上，我們就是企業形象的代言

人，我們的一言一行代表的不僅僅是我們自己，而是整個企業，所以平時說話做事一定要跟企業步調一致，更要注意提升內在修養，這樣才能在維護好自身形象的基礎上維護企業形象，樹立起個人品牌的同時，樹立起企業品牌。

◆做好品牌危機管理

「雙十一」對於馬雲來說，是一個不斷重新整理數據的日子，2013年的「雙十一」卻出現了一個小插曲。「雙十一」到來之前，馬雲曾誇下海口，2013年的「雙十一」要突破300億元人民幣。於是光棍節當天，各式各樣的廣告、行銷呼嘯而來，其中就包括一則，宣稱淘寶已經賣出了200萬條內褲，加起來有3,000公里那麼長。本來這只是一個證明銷量好的數據，一般人也不會太過在意，但是微博上一位數學比較好的網友做了數學除法，表明馬雲賣出的內褲一條有1.5公尺那麼長。這則微博隨後被轉發將近10萬次。

對於一家企業來說，這件事其實可大可小，對品牌的影響也不可預估。阿里巴巴企業顯然也明白這一點，那麼，怎麼做好這次危機公關？正常的做法無非是解釋一下，但阿里巴巴卻出人意料地玩起了「自嘲」的遊戲。嘲笑誰？嘲笑最高管理者馬雲。嘲笑他數學不好，笑他是閒人……直到把馬雲說成了一個幽默風趣、有點憨的形象，大大拉近了和網友的距離，而阿里巴巴就這樣在別人還沒反應過來之時，一步步走出了困局。

好的企業不是永遠遇不到問題，而是能預見問題，繼而解決問題。同樣，再好的品牌也無法保證永遠遇不到危機，好的品牌策略就是及早建立一套危機預警機制，做好品牌危機防範。同時，在品牌出現危機時，能快速做出反應，順利應對。

策略布局篇：策略是操盤手的頭等大事

　　有知名度不一定是好品牌，但好品牌一定有知名度。在進行企業品牌策略時，如果我們要經營成百年老店，要做國際品牌，那麼僅有狂轟濫炸的廣告還不夠，企業還必須透過產品、服務、員工、通路等多方面建立起品牌的好感度，才能撐起值得信賴的大品牌。

頂層設計篇：
站在頂層才能掌控大局

頂層設計篇：站在頂層才能掌控大局

第 8 章　商業模式，
企業生死存亡、興衰成敗的大事

　　企業為什麼不賺錢？賺錢，對於企業來說是天經地義的使命，也是企業的本分，只有讓營業的收入大於成本，才能維持企業的生存、運作和發展。因此，無論何種企業，其商業運作過程中的不同階段都不能脫離賺錢。如果你的企業不賺錢，身為企業操盤手，是不是應該重新審視現有的商業模式？

　　網際網路時代，不管是正在發展的企業還是已經成為行業標竿的企業，全面的商業模式競爭已經來臨。沃爾瑪、亞馬遜、Zara 等，在網路經濟時代已經提前實現了商業模式的致勝關鍵。在某種程度上，企業操盤手進行頂層設計，通常就是在設計商業模式。商場是無聲的戰場，企業操盤手如果沒有找到企業最適合的商業模式，終將被淘汰。

　　雖然商業模式的重要性已經被企業操盤手熟知且成為嘴邊的一個常用名詞，但真正深諳其道的企業操盤手卻寥寥可數。什麼是商業模式？如何設計商業模式？以及「商業模式如何探究企業賺錢的途徑與方式？」等問題一直困擾著企業操盤手。

　　其實，世界上沒有一套固定的商業模式，也沒有一套商業模式能長久存在。所以，在本章裡我不會告訴你如何具體地去設計頂層和商業模式，我只是將企業操盤手應該擁有的商業模式邏輯和規則告訴你。至於到底能不能設計出適合企業發展的商業模式，那就是你的領悟能力了。

第 8 章　商業模式，企業生死存亡、興衰成敗的大事

從摸著石頭過河到頂層設計

華為贏在頂層設計。

許多人認為華為不太像一個中國企業，一方面跟任正非的低調行事有關，關於華為的深度報導很少；另一方面，華為在很多方面與眾不同。比如它靠自身的努力走進全球 500 大企業，似乎還是唯一一個始終堅持將營業額的 10% 投入研發的企業，更是一個早就可以上市卻堅持不上市的企業。

華為在大眾心裡似乎是個謎，也沒有人能夠深入地解讀華為。從華為出來的員工，或者和華為有過什麼關係的人，跟任正非也不在同一層次，當然無法理解一位「大師」的心思，因此，描述的也只是鳳毛麟角而已。

但是，透過我對華為的了解和研究，我覺得，華為之所以成功是贏在「頂層設計」。華為進行過三次頂層設計，每一次都為華為帶來了飛躍式的成長：

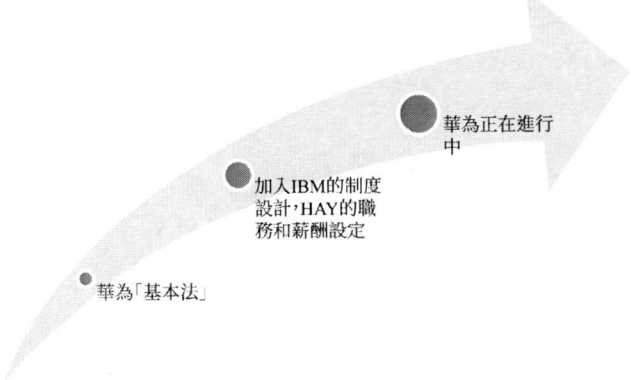

圖 8-1 華為的三次頂層設計

第一次頂層設計：華為「基本法」的確立，是一次里程碑式的頂層設計。在華為漫長的發展過程裡，華為基本法可以說是最關鍵的一次頂

頂層設計篇：站在頂層才能掌控大局

層設計。華為基本法展現了「華為夢」，在華為未來的發展上堪稱指標的作用。

第二次頂層設計：在華為基本法的基礎上，參考了IBM的制度設計，既有IBM的操作流程，又有HAY的職位和薪酬設定，還包括英國的NVQ、員工持股計劃、華為的治理結構等。這次的頂層設計也是「摸著石頭過河」，如果沒有前期的探路，這次摸著石頭過河很可能會被河水沖走。

第三次頂層設計：華為正在進行。這次頂層設計的主要內容有提高組織能力、提升個人效率、進一步優化流程、治理結構、運作模式等等。這次頂層設計和以往不同，完全是華為自主設計的，雖然也有顧問，但是顧問只是輔助。

第一次和第二次頂層設計都是向外學習，第三次設計是自力更生。沒有基本法，沒有基礎的華為總有一天會崩潰；如果沒有後面的頂層設計，就沒有全球華為。

企業要想化繭成蝶，必須設計頂層。

中國第一代企業，比如說華為、聯想、萬科、海爾等等，他們的企業在發展初期，幾乎都是「摸著石頭過河」，發展到一定階段時，便開始重視企業的「頂層設計」。

那麼，「頂層設計」到底是什麼？

簡單來說，「頂層設計」就是以企業長期發展為目標，設計一套操作性強的系統解決方案。也就是要「以終為始」，以對人性的假設、對目標市場的理解、對使用者需求的把握等為基礎，透過系統的分析，設定企業的經營理念以及終極目標。

當然，僅僅意識到「頂層設計」的重要性還不夠，必須要讓更多企

第 8 章 商業模式，企業生死存亡、興衰成敗的大事

業掌握如何進行「頂層設計」，如何透過「頂層設計」讓企業實現大幅成長。企業要想化繭成蝶必定要經歷一次痛苦的蛻變，甚至否定自己過去的成功，讓一切重頭開始，這是大多數操盤手不願接受的。進行「頂層設計」，企業操盤手們既要有前瞻的眼光，還要有頑強的毅力和執著的精神，更要有科學的方法論。

企業操盤手設計頂層的 6 個總體要素。

那麼，如何進行頂層設計呢？企業操盤手進行頂層設計必須要掌握以下 5 個總體要素：

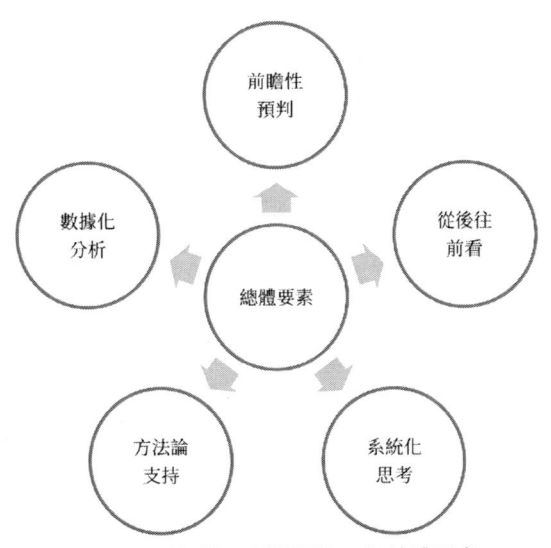

圖 8-2 頂層設計必須掌握的五個總體要素

◆前瞻性預判

想要做好「頂層設計」，企業操盤手要把企業的「外憂內患」用通俗易懂的語言描述清楚，總結出市場的變化趨勢和產業技術的發展趨勢，形成一套標準化的文字。讓大家清楚，企業目前處於什麼樣的情況，面臨的機遇和挑戰有哪些，怎麼樣才能抓住機遇，掌握市場競爭的主動

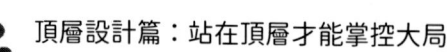

權，進而在市場競爭中始終領先對手。

俗話說：人無遠慮，必有近憂。企業操盤手如果不知道企業的未來在哪裡，就沒有辦法形成向心力，帶領團隊前進。假如操盤手能對企業的未來作出準確的預判，就能打消大部分員工的顧慮，讓他們有明確的目標，激發大家的主動性，為了共同的目標，為了實現自己的價值而奮鬥。

◆從後往前看

做完了前瞻性預判，接下來就要從後往前看，清晰地描述終極目標，描繪一幅令人嚮往的畫面，為企業繪製一副完美的藍圖。一個好的企業操盤手一定是一個好導演，可以為員工「說戲」，將自己心裡的藍圖傳遞給員工，讓大家知道公司正在做什麼，並且發揮出自己的最高水準。

當企業的未來不確定，或者市場尚處於未知時，操盤手要把所有的選項都羅列出來，然後對每一個選項都仔細的推敲，看看是否行得通，然後進行沙盤推演，和核心團隊坐在一起，對剩下的選項進行演練，看看結果是什麼。很多操盤手在做決策前不做調研，確定初步方案後又不做模擬演練，結果導致策略實施後效果不盡如人意，然後又朝令夕改，勞民傷財，逐漸失去自己的權威。

◆系統化思考

系統化思考就是努力尋找問題的根本解法，不能頭痛醫頭、腳痛醫腳。在日常工作中，大家看到的問題大多只是表象，如果只解決表面的問題，那麼日後還是會出現同樣的狀況，這時，必須要深挖問題背後的原因。因此，企業操盤手在遇到問題時，多問自己幾次為什麼？怎麼辦？千萬不要被表面現象迷惑。

第 8 章　商業模式，企業生死存亡、興衰成敗的大事

◆方法論支持

優秀的企業想要獲得更遠大的發展，一定要有方法論的支持。唯有把系統性思考提升到理論的高度，才能夠維持企業長青。

方法論有什麼意義呢？就以操盤手們最關心的業績來說吧，大多數操盤手都覺得企業發展要靠人海戰術、靠關係。於是，很多企業都誤入歧途，紛紛建立「狼性團隊」，覺得產品不行，就用「狼性」補，把本來應該投入產品的資金用在銷售上，應該要做調研的時間也拿去做銷售了，這就是本末倒置。其實，對操盤手而言，「打造人性化團隊」才是走正道。因為人性化的團隊可以用專業、敬業、職業的行為打動客戶，可以在心情愉快的環境中創造出有獨到價值的好產品，這一切都需要以方法論為前提。

◆數據化分析

當然，僅靠方法論是不夠的，企業想長期處於行業內的領先地位，就要形成一套完整的決策機制和科學化管理系統。學會用量化的語言去分析、溝通、決策，摒棄看起來全都正確的「廢話」。

比方說「市場前景一片大好」、「有大幅度提升」、「客戶需求量很大」等等，這些分析對企業來說參考度為零。時間久了還會給人一種凡事都「差不多」的印象。

換句話說，操盤手想讓企業成長，就要從細節做起，把每一件小事都做到極致。企業精細化管理是建立在資訊化的基礎上的，沒有資訊化的系統，精細化就是空談。而資訊化系統包括很多分支，比如決策支持系統、營運管控系統、人力資源系統、知識管理系統等等。

頂層設計篇：站在頂層才能掌控大局

企業的出路：從頂層重塑商業模式

得商業模式者，得「天下」。

商業模式已經成為現代企業發展的關鍵，每一個企業操盤手都要潛心研究、貫徹企業的商業模式，俗話說「千里之行，始於足下」，企業想要行千里，就要從正確的商業模式開始。一言以蔽之──得商業模式者，得「天下」！

你也許會懷疑，商業模式有這麼重要嗎？

舉個簡單的例子，就拿海上作戰來比喻。海戰，首先得需要船，其次要有兵，另外還要有足夠的補給。商業模式就是船，管理模式就是訓練官兵，後勤補給就是投資融資。

現在有兩艘船，一是高科技軍艦，另一艘是連馬達都沒有的橡皮艇。橡皮艇上坐的人個個身懷絕技，但是沒有武器，打仗的同時還得要忙著划船。高科技軍艦上都是一些普通官兵，但是他們隨便按個按鈕就能發射大砲、自動導航、加速前行。顯然，高科技軍艦的勝算更大。

而目前大多數企業的真實情況就像那艘橡皮艇。大多數企業操盤手上任第一件事就是員工管理，都跑去訓練官兵了，誰來造軍艦？甚至還有些操盤手，連管理都不做，直接親自上陣當「官兵」，這樣的企業會有未來嗎？因此，對於企業操盤手來說，最重要的就是要把船造好，找出企業的商業模式，接著做好後勤補給，維繫資金鏈不斷。

既然商業模式這麼重要，那到底什麼是「商業模式」？關於商業模式有這樣兩句話：

第 8 章　商業模式，企業生死存亡、興衰成敗的大事

```
┌─────────────────┐
│  什麼是商業模式  │
└────────┬────────┘
         │
    ┌────┴────┐
    │         │
┌───┴──────┐ ┌┴──────────┐
│自己可以複製自己│ │別人不能複製你│
└──────────┘ └───────────┘
```

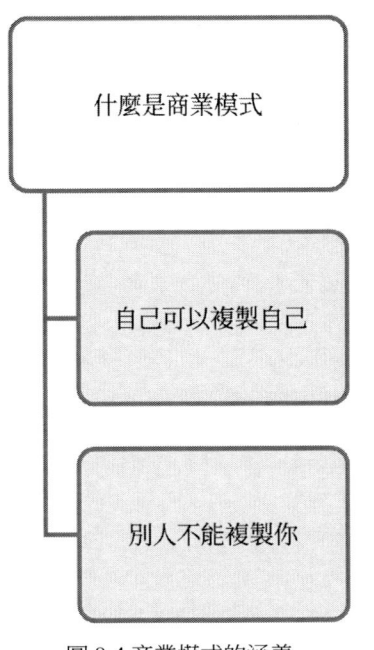

圖 8-4 商業模式的涵義

這兩句話看似矛盾，其實妥善地詮釋了「商業模式」的意義。所謂「自己可以複製自己」，就是說企業在不斷發展，利潤在成長，門市在擴張，企業正朝著預想的藍圖大步前行。這種發展並不是揠苗助長，一下子就走入瓶頸，而是一個穩定而持續的發展過程。

解決了第一個問題，就能形成企業商業模式了嗎？答案是否定的。雖然很多企業做到了「自己可以複製自己」，但依然面臨很大的挑戰，就是競爭對手。因此，企業想要完成商業模式，一定要完成「別人不能複製你」，也就是要保持自己的獨特性。我們在賺錢時，其他人只能觀望，這時的利潤空間就很大了，因為我們擁有了企業經營當中最寶貴的「定價權」，產品賣多少錢，我們說了算，可以說定價權等於高利潤。為什麼我們能定價呢？因為這件事情只有我們能做，別人都做不了。「別人不能複製你」，這是商業模式的又一原則。

因此，一個優秀的商業模式必須同時滿足兩個條件，「自己可以複製自己」以及「別人不能複製你」，既對立又統一，這就是商業模式的魅力，也是商業模式的難點。

經由這些討論，相信你對商業模式已經有了清晰的認識。那麼請你對照自己的企業，在你的企業當中，你做到這兩點了嗎？如果一項都沒達到，或者只做到其一，那說明你的企業商業模式仍處於初級階段，任重而道遠。

企業操盤手打造商業模式的五大核心要點。

很多企業操盤手曾發出感慨：我的企業不比成功者起步晚，不比成功者付出少，為什麼企業成長緩慢，而且營利那麼難？事實上，不是你和員工不努力、不聰明，而是你沒有建構出好的商業模式。企業操盤手想要讓企業獲得利潤，就要打造自身的商業模式。

那麼，如何打造好的商業模式呢？下面是我整合出的五大核心要點：

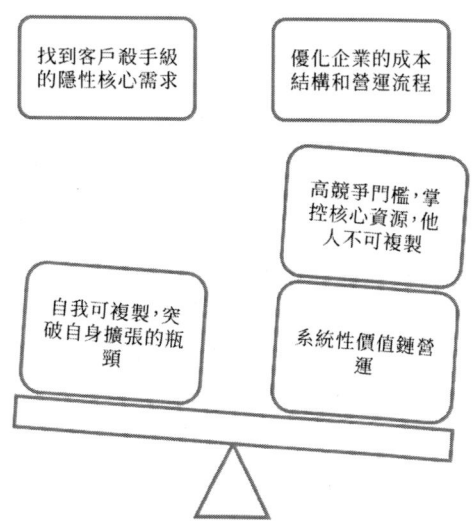

圖 8-5 打造商業模式的五大核心要點

◆找到客戶殺手級的隱性核心需求

企業能夠在市場競爭中存活，說明企業滿足了客戶的某些需求，但是假如我們滿足的只是某些客戶的基本需求，那只能保證自己能生存；如果我們抓住了消費者的痛點，滿足消費者的核心需求，那麼我們的企業將飛速發展；如果我們找到了客戶的隱性需求，那麼我們的企業就能在市場競爭的洪流中脫穎而出，甚至成為行業標竿。

什麼是隱性需求？隱形需求就是客戶無法準確描述，沒辦法公開表

第 8 章　商業模式，企業生死存亡、興衰成敗的大事

述的需求，或者是我們的競爭對手還沒發現的需求，或者是業內都知道，但是還沒有能力滿足的需求。只有找到並滿足客戶的隱性需求，尤其是殺手級的隱性核心需求，企業便能在競爭中贏得先機，從中發展出商業模式。

◆優化企業的成本結構和營運流程

　　企業商業模式包括其成本結構、經營流程等。成本的減少，不僅能夠減少企業營運成本，還能抓住對價格敏感的使用者，而對使用者的這種吸引力，又能在不同程度上增加企業的競爭力。因此，成本結構影響整個商業模式執行的利潤多少和成長速度，而成本結構的組成，就需要企業操盤手自身來進行優化。同樣，企業的關鍵運作流程，也需要企業操盤手進行自我優化，並將之和企業的核心資源進行整合，讓商業模式創造出利潤。

◆自我可複製，突破自身擴張的瓶頸

　　每個企業操盤手在操盤企業的過程中都會遇到瓶頸，我們不能等到已經遇到瓶頸時再想如何突破，那時局面會變得非常劣勢。我們應該提前預知到企業會遇到什麼樣的問題，然後透過商業模式的設計和規劃，預備好突破的方法。如此一來，企業才能持續發展，而不是在發展過程中一直走回頭路。

◆高競爭門檻，掌控核心資源，他人不可複製

　　這一部分往往是風險投資最看重的地方。凡事保持自身獨特性，讓其他人不能複製的企業，在市場中是非常有競爭力的，有了獨特性就能掌握定價權，有了定價權就能獲得高利潤，有了高利潤也就能迅速發展，產生良性循環。

頂層設計篇：站在頂層才能掌控大局

◆系統性價值鏈營運

企業完善的生態系統由上游、下游、客戶共同組成，這是商業模式的最高境界。我們可以把系統性價值比喻成一個森林，一個完整的生態系統，每個操盤手都能參與至系統性價值鏈當中。而已經在價值之鏈中的成員要互相合作，把價值鏈的效率提到最高，成本降到最低，風險控制在最小，並將利潤、風險、成本進行合理而富有創造性地分配。

放眼優秀的企業，其成功因素幾乎都是多面向、多層次的。從技術層面到市場層面，再到資本層面的競爭中，僅有好的商業模式是遠遠不夠的，還需要企業操盤手不斷完善企業的策略和頂層設計，進而將其商業模式的作用發揮到最大。

你不改變規則，規則就來改變你

85度C「反」星巴克的商業模式。

星巴克的商業模式很成功，從1992年在紐約上市至今，其股價漲了500倍，在全世界的商業教材中都被當作經典。但是，85度C的創始人偏要樹立一套和他們不一樣的規則，而且真的做出了成績。

2004年85度C剛剛創立的時候，星巴克在臺灣已經有了140多家分店，85度C則是以一個弱小的挑戰者姿態出現。然而到了2010年，85度C已經在臺灣開了326家分店，遠遠超過了星巴克的211家，而且市場占有率也明顯領先。85度C的崛起，一個簡單的字，就是「反」——用和星巴克相反的規則來做商業模式。

比如，星巴克當年成功的原因在於把自己打造成為家庭和公司之外的第三空間，星巴克掌門霍華‧舒茲（Howard Schultz）強調要讓消費者在星巴克感受到慢節奏的優雅，將咖啡行業打造成消費者喜歡的文化，讓

第 8 章　商業模式，企業生死存亡、興衰成敗的大事

他們更長時間地留在店內。

但是，85 度 C 的操盤手吳政學看到了另一種模式——在都市中除了想要享受慢節奏的人群，沒日沒夜加班的白領、忙著唸書的學生以及疲於事業的各領域工作者，也需要咖啡飲品，而且他們需要的是快節奏的咖啡文化。於是，在 85 度 C，人們每隔 45 天就會看見他們推出新款糕點和麵包，飲料的開發速度也同樣令人吃驚。這些產品的迅速開發都是企業在市場動態調查過程中獲得的，滿足了不同顧客的差異需求。而這樣的「快」，正好是星巴克模式所做不到的。

當然，85 度 C 對於規則的顛覆還有很多。比如，星巴克希望顧客留在店內，但 85 度 C 則希望他們帶著產品迅速離開。為此，後者的店面裝潢簡單，只有幾把椅子，將近 90% 的顧客都是外帶消費。如此一來，店面租金、服務人員等成本降低了，而顧客流動增加了。

如果細心觀察，還能發現 85 度 C 商業模式更多的「反」——星巴克以咖啡賺錢為主，他們就用甜點賺錢；星巴克不做 24 小時營業，他們就實行 24 小時營業，其實成本只是多了電費和員工工資⋯⋯

有意思的是，星巴克終於看到掌控模式的重要性——2014 年 4 月，在打入臺灣市場 16 年之後，星巴克終於開出第一家「得來速」門市，讓使用者能不用下車就買到咖啡。反之，85 度 C 則開始在臺灣進行二代更新，將店型較小的店面打造成為面積更大、座位更多、提供沙拉和鮮食的店面。

這兩家不同商業模式的企業又開始重新改變規則，並從中保持商業模式的充分活力。

商業模式的創新意味著對原有規則的改變乃至顛覆。

商場是無聲的戰場，如果一直沿用一套商業模式，終將被淘汰。很

多企業的商業模式之所以走在其他人的前面,贏得了更多的市場機會,就是源於商業模式的創新。比如,在過去,有些人認為,IBM 將個人電腦部門賣給聯想是傻子才做的事。可是,現在看來,這樣的決定是明智的。雖然商場是一塊大餅,但是仍要量力而行。只有以長遠發展的眼光看待世界,才能在商業征途順利前進。

世界上沒有一套固定的商業模式,也沒有一套商業模式能永久存在。在市場風雲變幻中,今天的利潤不代表明天的成功。在市場中,要不留餘力地為企業尋找更先進的商業模式。只有不斷地嘗試、投資多種商業模式,才能把其他競爭者甩在後面。

談到商業模式的創新,企業操盤手似乎更有發言的資格,認為自己對企業所做出的改變就是對商業模式的創新。然而,這樣的理解並不完全充分。的確,企業操盤手對企業現狀的革新包括了創新的部分,但通常並不是針對商業模式的創新,因為他們沒有掌控規則。

中小企業 90% 以上在別人規定的規則下生存,很多新崛起的企業之所以能夠挑戰原有領先者,絕不是因為他們做了某些零碎的改變,而是因為他們發現、理解並掌控了新的規則。然而,如果他們滿足於當下的成功,就有可能被原本默默無名的企業再次利用新規則打敗。

掌控規則是很重要的。企業操盤手如果只是單純做管理,那麼,其價值恐怕和一名部門經理區別不大。不少企業操盤手對企業改進的看法太簡單,以為只是進行品質管制、績效管理、目標管理、成本管理等即可,但最終這些管理只是對企業經營效率的改變,它們對企業提供價值及提供價值的方式究竟有多大幫助,消費者看不出來。最後將使企業陷入僵化,雖然從決策到執行都越來越嫻熟,但是舊思路也隨之開始固化,新的創意和動力太少。

第 8 章　商業模式，企業生死存亡、興衰成敗的大事

　　正因如此，商業模式的創新意味著對原有規則的改變乃至顛覆。當規則改變後，商業模式能夠在經營活動、執行方式等方面重新定義，並和其他競爭對手形成顯著差異。否則，就談不上創新。

　　企業操盤手對商業模式的創新，是對企業生存平臺的改變，是製造一種新的遊戲規則。因此，成功的創新者，必然應該是制定和擁有規則的人。當他們改變思考方式並且打造出新的規則時，參與這種商業模式的人及投入資源者就會越來越多。

　　一切商業模式的創新，都意味著對現有規則的挑戰。

　　向既有的商業模式進行挑戰，企業操盤手需要主動求變，進而獲得改變規則的可能。我建議企業操盤手從以下三個方向去嘗試改變規則：

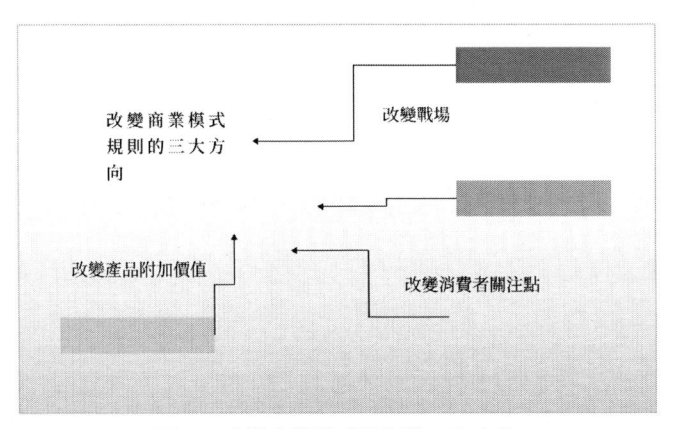

圖 8-6 改變商業模式規則的三大方向

◆改變產品附加價值

　　其實，類似於咖啡這樣的產品，已經具有幾百年歷史，幾百年來，咖啡有多少變化？恐怕就是咖啡專家也說不出來。從星巴克到 85 度 C，對產品的變化只是迎合了消費者想要變化的需求，然後從附加價值進行改變。

透過對市場細分，對使用者進行精準定位和需求預測，積極轉變產品附加價值的內容和傳遞方式，企業操盤手就有可能成功挑戰既有規則，打破競爭對手先入為主的優勢，獲得自己的領土。

◆改變消費者關注點

在原有成功模式的影響下，消費者對產品的關注點是固定的，但是，如果我們推出的新規則能夠成功吸引消費者的注意，就能讓新規則獲得成功。商業模式的創新，必須要發現目標消費者的不同偏好，然後引導他們進行重新選擇。這樣，他們就能夠很快接受規則的變化。

◆改變戰場

拳擊場上，如果讓拳擊手躺著對打，很可能就會變成搞笑的演出，因為他們的戰場不在原先熟悉的位置了。同樣地，作為商業模式的創新者，我們不能只在對方「規定」的市場中和他們爭奪，因為這種爭奪下我們獲勝的可能性很小。我們應該專注於其他業務，將對手拖到自己的戰場裡，讓他們原有的規則優勢、資源優勢不復存在，拉大彼此之間的差距。

企業操盤手對規則的破壞，多少需要一些藝術氣質。貝多芬說過這樣一句話：「規則都是用來打破的。」畢卡索也有類似的名言：「想創造，先破壞。」他們都是破壞原有規則的高手，也正因如此他們才能成為大師。同樣，一切商業模式的創新，都意味著對現有規則的挑戰，雖然並非每個企業操盤手都勇於如此，也不是每位企業操盤手都必須如此。但要讓你的企業持續地成功賺錢，你必須考慮在適合的時機掌控新規則，而不是坐等機會失去。

顛覆傳統，創新未來，真正的商業模式創新首先是思考方式的顛覆，請堅信一句話：心有多大，舞臺就有多大；思想有多遠，你的企業

就能走多遠。沒有夕陽的產業，只有夕陽的企業；沒有夕陽的企業，只有夕陽的思想。

眼界決定格局，格局決定好的商業模式

好的商業模式必須要比競爭對手具備更高的眼界和格局。

真正的商業模式，必然和真正的使用者價值需求之間存在密切關係。那麼，好的商業模式是如何把握使用者價值需求的呢？毫無疑問，我們能看到十萬使用者的價值需求，就依照十萬人的空間來設計商業模式；如果我們能看到百萬使用者的價值需求，就以百萬人的空間來設計商業模式；如果我們能看到整個時代的價值需求，無疑，我們的商業模式將是這個時代中最優秀的。

可見，好的商業模式必須要比競爭對手具備更高的眼界和格局。企業操盤手所能選擇的更高眼界和格局，就是對經濟建設環境的把握。

至於如何去積極把握經濟建設環境走向，我建議企業操盤手，不妨多看看每天的各類新聞，唯有了解整體經濟走向，才能讓我們的眼界和格局更高，而不是只限縮在你的辦公室四面牆或者手機網路新聞。

企業之間的競爭，包括市場占有率、營利率、技術領先、產品領先、使用者忠誠度等多方面的競爭。然而，企業的核心競爭力還是離不開其眼界和格局的競爭。當外部環境發生變化，企業應該積極調整自身的商業模式，去適應這種新機遇，並培養眼界和格局，進而找到市場的空白、對產品進行創新或改變自身產品原有的價值主張。

透過提升眼界和格局，企業才有充分的信心和勇氣去界定市場的格局和自身營運的規則，從而設計出更富價值的營利模式。藉助眼界和格

局的力量,企業將擁有自身的文化價值觀,進而突破瓶頸,控制核心資源,建立競爭者更難以跨越的高競爭壁壘,最終控制產業價值鏈。眼界和格局對企業商業模式的價值,也就不言而喻了。

企業操盤手的格局決定了企業的高度,商業模式則決定了企業的格局。

提高眼界和格局,企業操盤手應把握以下兩大原則:

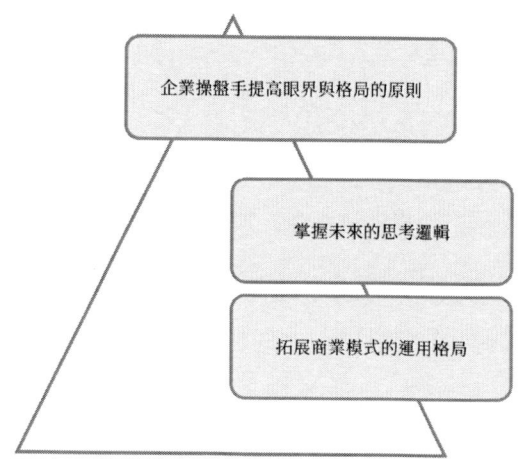

圖 8-7 企業操盤手提高眼界與格局的原則

◆掌握未來的思考邏輯

所謂未來的思考邏輯,並非空穴來風,而是市場中尚未具備,但所指向的價值和需求是的確存在的。只是使用者不清楚,我們的競爭對手也不清楚,因此不在一般商業模式觀察者的眼界之中。

經由尋找這樣的邏輯和眼界,企業能將注意力集中到沒有惡性競爭並且充滿利潤的新市場中。然而,眼界的狹窄,讓企業操盤手總是帶著現有的理念來看待商業模式的價值,缺乏良好的視角和細膩的心思。實際上,擴大眼界意味著深入挖掘,而不是表面上的膚淺探尋。對於已經

第 8 章　商業模式，企業生死存亡、興衰成敗的大事

存在的市場和使用者，企業操盤手需要深入觀察。例如，看到隱性的需求或者市場的空白。同時，對於目前的產品、服務要重新定位，以未來的眼光觀察現在的規則和秩序，進而讓原有的產品和服務擁有新的價值，獲得新的思想主張。

◆拓展商業模式的運用格局

企業操盤手在利用商業模式推動企業時，既要關注商業模式中各點的力量，也要關注面的力量。這樣才是對商業模式格局的充分利用。

什麼是點？在商業模式中，可以將不同的點看作不同的核心資源，而對核心資源的控制，則可以看作企業格局的關鍵點。例如，在特定的背景下，企業操盤手應該積極尋找其平臺中能夠被自身所利用的關鍵點，掌控自身所需要的核心資源，企業才能在商業模式中建立更高的競爭壁壘，斷絕其他企業對商業模式的複製，並取得更多的定價自主權，站到獲勝的關鍵點。

許多企業之所以在市場競爭中總是處於劣勢，甚至陷入價格惡性競爭，關鍵就在於他們缺乏應有的格局拓展意識，更沒有在格局拓展過程中積極發現核心資源的「點」，因此失去了話語權。

因此，企業操盤手在拓展自身模式發展的格局時，應該結合自身商業模式的核心資源去進行分析。在不同產業、不同背景、不同的經濟政策下，企業拓展格局所需要抓住的點便不同。例如，微軟在當時的經濟環境下，需要抓住辦公系統軟體這個領域。抓好這些資源重點，企業商業模式的發展才會有與眾不同的方向。

同樣，在「點」的拓展之後，應該實現對價值鏈的整合系統化，達到「面」的拓寬。透過對產業鏈上、下游的系統化整合，形成充分完善的商業系統，而在這樣的系統中，企業之間會形成互相分工合作並各自承擔

頂層設計篇：站在頂層才能掌控大局

利益的「面」。在這樣的「面」上，企業才能利用對政策的掌握、對經濟大環境的了解，讓價值相關者之間形成緊密的夥伴關係。企業作為「面」的核心，一方面會獲得更高的地位和權威，另一方面也將承擔更多對商業模式的責任和義務。

企業操盤手需要不斷致力於提高眼界和格局，做到商業模式的低成本、低風險和高回報，讓企業獲得模式競爭中的優勢，並適應未來的發展趨勢。

企業操盤手的格局決定了企業的高度，商業模式則決定了企業的格局，商業模式設計不是企業的終極目標，而是企業實現價值的手段，我們的眼界與格局決定了商業模式的優劣與層級。

平臺策略，網際網路時代操盤手必會的商業模式

海爾「生生不息」的生態平臺模式。

從 1984 年創立至今，海爾一直在進行著商業模式的改革，而他們對商業模式的創新發展，經常受到國內外商業界的關注。

在海爾集團內部對商業模式的改革過程中，老闆張瑞敏用「人單合一」來描述對模式的創新。他提出，海爾應該對整個發展策略進行創新，打造平臺型企業。對此，他解釋說，平臺型企業必須要具備平臺型邏輯，能夠快速地配置資源，正如同生態圈配置自然界能量一般生生不息、運轉不止。

平臺策略，意味著不斷顛覆商業模式。在與阿里巴巴達成策略合作的會議上，張瑞敏的發言和馬雲的思路不謀而合。他說，那些能夠成就百年輝煌的企業，都是在「自殺」和「他殺」中選擇「自殺」，當他們自殺若干次之後，才能成為百年的企業，否則必然會被競爭對手所淘汰。萬

事萬物都不會永存不滅，問題在於企業家如何去延續企業精神，如何實現對企業原有商業模式的自我顛覆。

基於這樣的思考模式，海爾目前正在嘗試建立適應網際網路時代精神的生態平臺。在張瑞敏的描述中，這樣的平臺建設目標可以用「生生不息」四個字來形容。所謂「生生不息」，並不是指永遠生存，因為任何平臺都不可能保證所有專案都永遠興旺。這裡的「生生不息」，指的是整個企業商業模式所打造的平臺，只要具備了良好的平臺策略，就能讓企業長盛不衰，而平臺中的專案和資源，則根據市場規律的機制來驅動其興衰規律。

平臺策略下創立的商業模式，能夠改變已有的商業模式，成就企業更美好的明天。

如今的網際網路時代，企業商業模式的創新最重要的一點就是平臺策略（Platform Strategy）。

平臺策略就是把使用者作為企業經營的核心，聚集使用者的注意力，將平臺與產品結合在一起，融合各方面的資源，滿足使用者全方位的需求。此一商業模式最大的優點在於能增強使用者的體驗，提高平臺和使用者的價值，進而實現商業模式的價值最大化。

在傳統商業模式中，不少企業的營利部門都是各自為戰，彼此之間缺乏應有的溝通。從企業整體發展和使用者需求滿足的層面而言，這樣的狀態顯然會導致嚴重的資源浪費。尤其進入注意力經濟時代以來，使用者的注意力意味著利潤所在。企業應該集中於使用者的需求，包括使用者購買過什麼、想要滿足什麼需求、如何才能滿足等，這些問題應該透過商業模式所建構的綜合平臺來實現。

真正採取平臺策略的商業模式有以下四大特點：

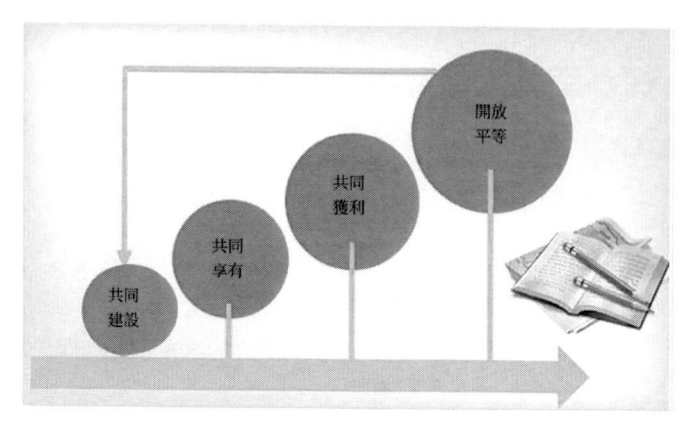

圖 8-9 平臺策略的商業模式四大特點

◆共同建設

共同建設，意味著企業的商業模式不再只是企業自身的事情，也並非企業操盤手自己來進行建設。一個單獨的主體不可能建構起整個平臺，反之，企業操盤手應該動用自身的能力，引入更多的主體來加入建設平臺，形成更加穩定與合理的平臺。

◆共同享有

共同享有，意味著在企業的商業模式中，應該允許更多的利益相關者來使用共同的資源。在網際網路時代，利益相關者之間的溝通之所以能夠更加緊密，就來自於這種共同享有的瞬間互動性。反之，如果企業的商業模式設計中缺乏這種雙向互利的共享機制，就很難談得上是真正的平臺策略。另外，平臺策略亦強調將商業模式作為交流技術和提供平臺的載體，成為企業和合作方之間長期溝通的基礎。

◆雙贏意識

雙贏意識，這是平臺策略的重要標誌，平臺型企業如果想要獲得營利，就必須要達到一定的規模，而想要達到一定的規模，又需要吸引足

夠的利益相關者參與。因此，平臺的交易結構必須要讓眾多利益相關者能夠實現雙贏。因此，在設計平臺時，企業操盤手不應單純地將買家和賣家看成對立關係，而應將之設定為平臺中的付費方、補貼方等不同角色，而最終的收益則是共同擁有的。

◆開放平等

這是平臺策略的特點。平臺並不一定必須要依靠網際網路而存在，但網際網路是此一商業模式的最佳平臺。因為網際網路有著充分的資料庫和資訊化管理優勢，讓企業的商業模式從中獲得最大化的開放和擴充。而這種策略下設計出的平臺，不只是一個單純的層級結構，而是一個完整的網狀結構，決定了其去中心化的特點，能夠讓企業從中獲得長遠的利益並維持長盛不衰。

平臺策略，是對傳統經濟邏輯的挑戰，而平臺策略下的商業模式，能夠改變既有的商業模式，成就企業更美好的明天。

平臺策略在前，而打造平臺在後，企業操盤手必須要在平臺策略的指導下創新自己的商業模式。

平臺型企業雖然能夠顛覆眾多行業既有的傳統商業模式，但並不意味著平臺就能一日建成。如今的創業型企業，面對百度、阿里、騰訊這些大公司時，該如何找到適合自己搭建平臺的空間，又該如何尋找自身發展的地盤？想要和這些企業進行對抗競爭，顯然比較困難，但這並不妨礙我們利用平臺策略來提升自我。

依此策略操作，不代表企業應該立刻走上建立平臺的道路，更不代表企業能夠迅速成為平臺型企業。相反地，企業有必要贏得足夠的使用者，獲得充裕的現金，打造出適合自己的商業模式，然後不斷更新。

對於傳統企業而言，雖然無法馬上成為大平臺的建立者，但他們可

以藉助現有平臺的力量，利用發展成熟的平臺策略，透過對自身事業的不斷更新、複製，成就未來的平臺。

在網際網路時代，企業操盤手可以透過以下三個步驟來建立自己的平臺：

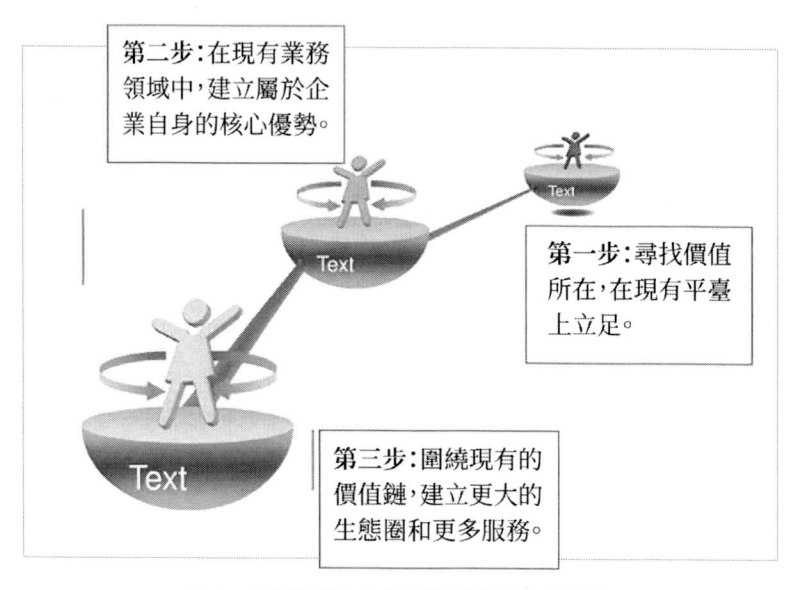

圖 8-10 操盤手建立自己的平臺的三個步驟

- ◆ **第一步**：尋找價值所在，在現有平臺上立足。企業操盤手經由把握自身企業所依靠的價值鏈，找到其中一個重點，做到能夠高效地提供價值。然後以此為基礎，更新自己的產品和服務。
- ◆ **第二步**：在現有業務領域中，建立屬於企業自身的核心優勢。例如，技術、品牌、管理、資訊、使用者體驗等方面的優勢。這些優勢應該具有自身容易複製而競爭對手難以超越、邊際成本相對較低而資產較輕的特點。如此一來，才能讓業務迅速拓展，實現更大的價值。

◆ **第三步**：當企業自身的業務已經擁有一定使用者時,應該圍繞現有的價值鏈,建立更大的生態圈和更多服務,創造更大的使用者黏著度,樹立更加難以踰越的競爭壁壘。如此一來,便能建立屬於企業自身的平臺。

企業操盤手必須要在平臺策略的指導下,認清現實,逐步進取,不斷更新,這樣才能務實而快速地形成商業模式所特有的競爭能力。

頂層設計篇：站在頂層才能掌控大局

第9章 基因重塑，打造有溫度的企業文化

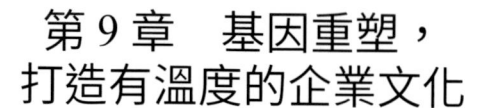

每當我向一些企業操盤手或企業家談及企業文化的塑造時，大多都是抱著嗤之以鼻的態度回應我，尤其是一些中小企業。我承認，企業文化作為企業的頂層設計，它給人的感覺是虛幻飄渺的。如果一個企業連基本的利潤都沒有，那麼談形而上學的東西確實有些矯情。

身為從事多年企業操盤手與企業管理諮商的人士，我一直在思考這幾個問題：企業文化的本質到底是什麼？企業文化塑造的根本目標是什麼？或者說，企業文化如何真正為企業的發展服務？這些問題如果不能得到解答，那麼我們就無法真正進行企業文化塑造，無法透過企業文化塑造推動企業的經營發展。

在我做企業操盤手的近十年裡，我見過最多的企業文化落實方式就是喊喊口號，搞一些員工活動之類的毫無意義的專案。這樣的企業文化塑造有沒有用，想必不用我說，企業操盤手自己也知道。

企業文化是什麼？有人說：「企業文化就是老闆文化！」這有錯嗎？沒錯！一個企業的文化主要取決於企業老闆，老闆的價值觀及行為模式決定了企業文化的大方向，尤其是企業規模不大，老闆可以直接操控整個企業的時候。

但這樣的觀點能說明問題的本質嗎？當然不行。那企業文化到底是什麼？我們又如何展開企業文化建設，讓企業文化支持乃至支撐企業的發展？

第 9 章　基因重塑，打造有溫度的企業文化

如今的網際網路時代，企業文化塑造最為人推崇的莫過於阿里巴巴，其亮點就在於馬雲身上的武俠情結，深深烙印在每個阿里人身上。作為企業操盤手，我並不認為阿里巴巴這種基於企業家魅力和集權的企業文化塑造是可持續的。原因是這樣的企業文化讓企業裡的個體被動參與，這種傳統工業時代的企業文化塑造已經不能適應如今的時代，是不應該被推崇的。要我說，這樣傳統的企業文化該「休息」了。

如今我們企業的員工大多是七、八年級生，這一代人是在網際網路時代長大的，所以企業操盤手在塑造企業文化時應該具有網際網路的特質。我認為：企業文化塑造的重點是重塑基因，打造有溫度的企業文化。

將員工延攬到文化的大旗下

海爾將企業文化和員工的個人價值觀完美地結合，成為海爾另一塊招牌。

在 20 多年前，海爾還只是一家資不抵債、面臨破產的小工廠，在破繭成蝶的過程中，海爾的企業文化功不可沒。

企業文化是企業傳達給員工的價值觀，海爾給員工的價值觀就是創新，市場創新是目標，策略創新是保證。就是在這股力量的推動下，海爾由弱變強，走向了國際競爭大舞臺。當然，獲得成功後的海爾並未懈怠，它的企業文化仍不斷地發展，「零缺陷」、「做讓客戶滿意的海爾」等文化更是讓客戶耳熟能詳。

海爾的企業文化不僅僅是一句句口號，他們更把這種精神貫穿於企業經營的每個細節。在選取人才上，海爾堅持「人人是人才」的理念；在產品品質上，海爾堅持「高標準、精細活、零缺陷」；在市場競爭中，海爾「打價值戰不打價格戰」；在售後服務上，海爾堅持「客戶永遠是衣食

父母」、「使用者永遠是對的」、「海爾真誠到永遠」等原則。

「海爾」將企業文化和員工的個人價值觀完美地結合，成為海爾另一塊招牌，也是海爾核心競爭力的重要成分。海爾的企業文化不僅受到國內專家的高度讚揚，甚至還被收錄到哈佛大學等世界著名學府的MBA案例庫，足見其影響力之大。

一個沒有文化的企業，就像沒有思想的行屍走肉，等待他的只有被獵人打死的命運。

世界上最強大的力量是什麼？我認為民族的精神就是文化。自古以來，許多武力雄厚的民族都被淹沒在歷史的沙塵裡，但是中華民族卻能大浪淘沙，屹立東方不倒。商場上流傳著這樣一句話：「一年的企業靠運氣，十年的企業靠經營，百年的企業靠文化。」企業不想被市場淘汰，希望提高核心競爭力，打造企業文化是不可或缺的。一個沒有文化的企業就像一個沒有思想的行屍走肉，等待他的只有被獵人打死的命運。

企業文化究竟是什麼？企業文化真的有這麼強大的「洪荒之力」嗎？迄今，理論界對企業文化做出了各種表述，較為公認的一種就是：

「企業文化，或稱組織文化，是一個組織由其價值觀、信念、儀式、符號、處事方式等組成的其特有的文化現象。」

由此可見，企業文化涵蓋的範圍十分廣泛，但是他對激勵企業發展有著非同凡響的作用。

企業發展的核心競爭力之一就是濃厚的企業文化，企業文化激勵員工把企業的發展當成自己的責任，感染員工把企業當成自己的家。一個有企業文化做後盾的企業，在企業內部會形成一股充滿正能量的氣氛，在這種氣氛的影響下，每一個員工都會變得幹勁十足，為了共同的目標一起努力。

第 9 章　基因重塑，打造有溫度的企業文化

企業文化是讓企業發生質變的催化劑，是企業經營理念的展現，它將對員工的心態和行為產生一定的影響。眾所周知，企業的發展離不開員工，員工是企業發展的首要生產力，但是員工畢竟是人，不是機器，不可能有相同的思想、相同的追求，因此，建立被大多數員工認可的企業文化就非常有必要了。用文化鼓勵員工發揮主動性，幫助企業在市場競爭中脫穎而出。

海爾創始人張瑞敏曾說：「一個企業能否持續發展，能否增強競爭力，在相當程度上取決於優秀的企業文化，這是企業長盛不衰的持久動力。」沒錯，海爾的發展就是得益於其優秀的企業文化，以「家文化、網際網路文化、流程文化」為主的企業文化不僅目標清晰，對員工的激勵也有很大的效果，正是這種企業文化把員工緊緊團結在一起，讓海爾反敗為勝。

資源會枯竭，唯有文化才會生生不息。

海爾的企業文化為廣大企業做了很好的榜樣，它把員工個人價值和企業價值觀完美地結合起來，每一個海爾的員工行為都展現了海爾文化。我不禁思考，企業文化到底要以什麼為出發點？我認為，不管企業文化以什麼樣的形式存在，其目的都是讓企業發展得更好，也就是在解決企業「人」和「事」的問題，只有做到這一點，企業文化才能發揮最大的價值，對員工和企業產生積極影響。對此，企業操盤手可以從三個層次來理解。

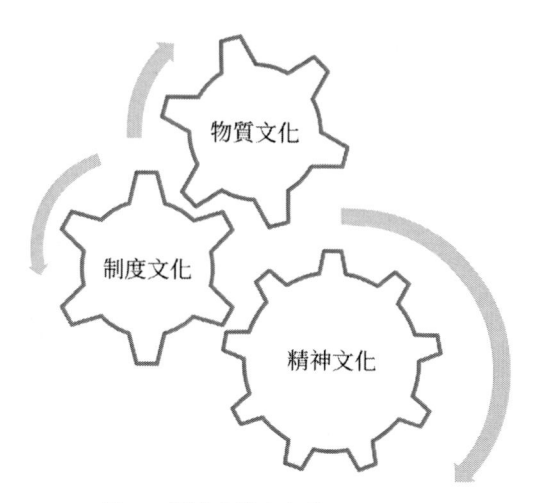

圖 9-2 塑造企業文化的三個層次

◆物質文化

　　物質文化是有形的，看得見、摸得著，是企業和員工共同努力的產物，包括企業名稱、產品特色、傳播網路等在內的文化現象。我們可以把企業產品當做是企業文化的載體，假如一個企業沒有為顧客服務的概念，沒有企業文化，怎麼會生產出深受大眾歡迎的產品呢？就算員工有服務顧客的想法，但是在工作中注意力不集中，也會把不合格的產品投入到市場上。產品等物質是文化的凝結，讓客戶形成直觀的印象，因此我們在打造企業文化時不能忽視產品力。

◆制度文化

　　制度文化顧名思義就是企業的規章制度為企業造成的影響。企業制度文化包括企業的領導體制、組織形態、流程系統等員工自覺遵守而形成的外顯文化。制度文化對員工來說是鞭策和激勵，當企業把物質文化和精神文化結合起來時，約束力就成為鞭策力。

第 9 章　基因重塑，打造有溫度的企業文化

◆精神文化

太平洋建設集團前董事長嚴介和先生如此詮釋自身的文化：外樹一面醒目旗幟，內凝一支菁英團隊。我們的人生：愛家愛國多愛人少愛己，求利求名多求己少求人。我們的願景：收穫夢想、播種希望、虎狼結親、升騰輝煌、家國利名、慧慈和暢、四愛四求、五洋起航。

企業精神文化傳遞的是企業的價值觀、經營理念和企業作風等等。對企業來說，制度、理念和技術的排序應該是理念＞制度＞技術。因此，精神文化是企業文化裡最重要的部分，運用得當，能夠對員工造成最大程度的激勵效果。

企業與文化是密不可分的共同體，我們上面講到的三個層面也是一個有機結合的整體。物質文化是表層，是企業文化的外在表現和載體；制度文化是精神文化的載體，支撐和規範著企業員工的行為；而精神文化則是物質文化和制度文化的思想基礎，是企業文化的核心和靈魂。

在如今的市場競爭形勢下，企業之間的價格、品質、價值和品牌的競爭早已式微，競爭的主戰場已經轉向企業文化，企業文化能從根本上保證企業快速又穩健地發展。有句話說得好：「資源會枯竭，唯有文化才會生生不息。」這是對企業文化最好的闡述。

得人心者得天下，激發團隊能量場

Google 以人為本、從心出發的企業文化創造了 Google 的神話。

Google 是世界上最大的搜尋引擎公司，也是有史以來發展速度最快的公司，開創了在 5 年內營業利潤成長 437% 的神話。Google 的企業文化創造了 Google 的神話，其企業文化以「收心」為主線，不管工作模式

還是福利待遇，或是企業的規範制度，Google 都以人為本，貫穿著對員工的尊重，將員工的利益擺在首位，力求讓員工能夠輕鬆快樂地工作。

Google 的辦公室可以說是世界上最自由、愜意、舒適的辦公室了，在這裡你有時根本無法區分到底哪裡是辦公區、哪裡是休閒區，走進 Google 就像走進一個奇異的世界。因為 Google 所有員工的辦公室都由員工自己設計，員工們可以自由發揮，將辦公區域裝修成自己想要的任何樣子，而且裝修費用還是由公司全權承擔。

Google 是一個需要時時創新的企業，員工們必須能在工作時保持大腦高速運轉。為了讓員工能夠勞逸結合，Google 在辦公大樓的每一層都設立廚房，為員工們提供營養豐富、味道鮮美的食物，比如蔬菜、水果、零食、點心。公司裡還有專門的咖啡館、遊戲廳、健身房、按摩室、游泳池等娛樂休閒設施，方便員工們放鬆，讓高速運轉的大腦得到充足的休息，然後再開始新的工作。

Google 的創始人謝爾蓋·布林（Sergey Brin）曾說：「我們公司的創造力就是我們的員工。未來如果遇到瓶頸，那一定是我們未能以足夠快的速度僱到最聰明、最能幹的員工。因此，我們必須對員工負責，讓他們長期留在公司，為公司服務。」為了讓員工將心留在企業，Google 做出了許多努力。

在 Google 沒有明確的上下班時間，沒有對服裝的要求，員工們可以自由設定自己的工作時間，不拘一格地為自己裝扮。Google 對員工唯一的要求就是，員工的工作要永遠超出公司的期望，所以，即使沒有硬性的規定，Google 的員工們也依然每天都以最好的狀態為公司創造超出期望的業績。

為了培養員工的團隊精神，促進員工的人際交往，Google 公司在週

五的晚上會舉辦「感謝上帝終於到星期五了」的狂歡派對，這是讓大家非常期待和快樂的日子。在那天，不管是高層主管還是普通員工，所有人都會放下手邊的一切，愉快用餐、快樂歌唱，既改善了管理者與員工的溝通，也增加了員工的互動了解，有效地促進團隊合作。

Google 以人為本、從心出發的企業文化，讓員工們把 Google 當成了自己的家，為企業不斷創新、不斷發展的使命，整個團隊共同努力奮鬥，推動著 Google 在網路搜尋引擎領域一直跑在前端。

企業文化是管理者激發團隊能量的最佳途徑和方式。

企業的發展離不開團隊的力量，一個團隊就是一個巨大的能量場，要讓團隊擁有超強的戰鬥力來幫助企業向前發展，就需要企業操盤手啟用團隊的能量場，聚集更多強大的正能量，打造一支精誠合作、內聚力強的團隊，幫助企業在競爭激烈的市場中發展並勝出。

能量場是什麼？其實，每個人都擁有屬於自己的能量場，這個能量場與生活息息相關，無論是愛情還是事業，家庭還是健康，快樂還是憂傷，通通都受到能量場的牽引與控制。能量場有強有弱，越強大的能量場，擁有的能量越多，產生的作用力也就越大；反之，越微弱的能量場擁有的能量越少，隨之產生的作用力也較小。簡單來說，能量場是合則強，分則弱。

心是能量場的發源地，每一個人的能量場都受自己的心支配。內心如果都是積極向上的因子，能量場就會很強大；如果多是悲觀消極的因子，能量場就會很弱小。可以說，人心就是一個能量場，只有管理好人心才，能讓能量場的能量變大變強。

什麼是能量場？

心是能量場的發源地，每一個人的能量場都受自己的心支配。

得人心者得天下，激發團隊的能量場，是企業能夠從競爭中勝出的關鍵因素。

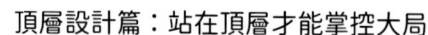

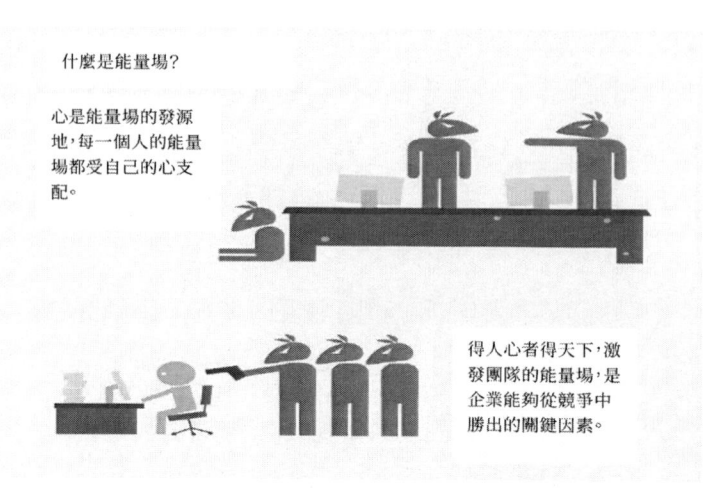

圖9-4 企業文化就是管理者激發團隊能量場

人心是一個巨大的能量場，作為一個企業操盤手要明白，管理企業就是管理人心。如果一個企業的文化脫離了人的核心，就無法激發員工的能量，企業的發展也無從談起。Google的企業文化以人為本、從員工的心出發，有效地激發每一個員工和團隊的能量，讓團隊中的員工在企業文化的感染和激勵下發揮最大的能量，為企業發展而積極工作、努力創新，為企業創造更高的價值和財富。

員工的管理最終就是對員工的「心」的管理，而管理最大的難點就是管理人心。作為一個企業操盤手，妥善管理團隊的人心，才能激發團隊的能量場，才能「得人心者得天下」，讓企業更有競爭力。一旦人心管理得不好，就無法激發團隊的能量場，最後「失人心者失天下」，讓企業猶如一盤散沙，毫無競爭力可言。其實，員工的心就是企業的根，經營好員工的心才能為企業凝聚更大的能量場。

企業文化是管理者激發團隊能量的最佳途徑和方式。企業文化雖然看起來如無形之水，卻實際地發揮作用，影響企業的生存和發展。優秀的企業文化對於企業來說是最大的競爭力，它能夠增強員工的凝聚力，

激發團隊的能量場，是企業從競爭中勝出的關鍵因素。因此，企業操盤手要學會用企業文化去管理團隊「人心」，善用團隊的能量場。

企業操盤手激發團隊能量的三個層次：人治、法治和心治。

在我看來，企業操盤手激發團隊能量有三個層次：人治、法治和心治。員工因為懼怕管理者而不敢做壞事，這是人治；員工因為沒有機會而不能做壞事，這是法治；員工從未想過要做壞事，這就是心治。綜上所述，人治就是管理者厲害，法治是機制厲害，心治其實就是文化厲害。

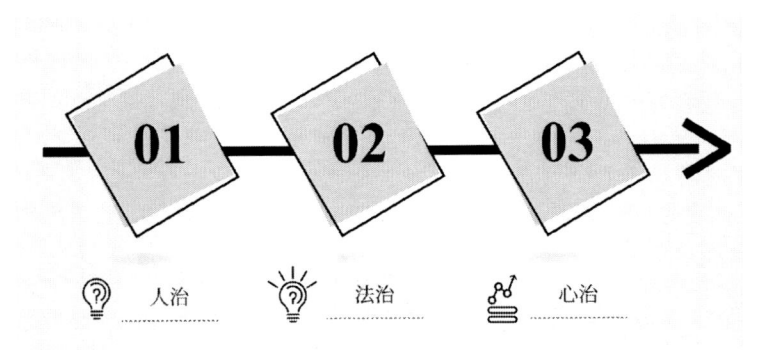

圖 9-5 激發團隊能量場的三個層次

其實，這三個層次針對的是不同發展階段的企業。每一家企業的發展都是從小到大，由弱至強，每個階段都有其特性，而針對每個階段的特性，管理的方式也應不盡相同，這是亙古不變的真理。舉例來說，一家剛剛起步的小公司，企業操盤手用夢想去管理企業，這是不現實的，會讓員工覺得虛無縹緲；一家上市公司，如果操盤手每天事必躬親、錙銖必較，這也絕不是適當的視野和格局。

所以說，唯有企業操盤手的三個層次與企業的發展階段相符，才能保證企業的持續發展。

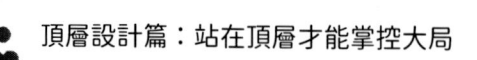

頂層設計篇：站在頂層才能掌控大局

只要精神不倒，靈魂不死，企業就能重生

蘋果公司的精神領袖──賈伯斯，帶領蘋果獲得了重生。

1996 年，賈伯斯闊別一手創辦的蘋果公司 11 年後，以行政總監的身分回歸。當時的蘋果已經危機重重，所有的蘋果人都在等待一名能拯救蘋果走出困境的人出現。當得知賈伯斯將重新回歸後，蘋果的員工都忍不住興奮地歡呼起來，他們知道有賈伯斯這個天才在，蘋果有救了！

賈伯斯回歸後，為了重振蘋果公司，完成心中的「大事業」夢想，從企業文化下手，對蘋果公司進行一系列改革。

首先，新的思想。創新一直是賈伯斯信奉的理念，他認為創新能改變世界。在他看來，當時的蘋果公司之所以陷入困境，最大的原因就是缺乏新的思想。因此他回到蘋果後，只對蘋果的員工提出了一句口號──「新思想」。他告訴員工，他們的產品對顧客來說沒有任何吸引力，因為它只是在重複過去的腳步，絲毫沒有創新力，而缺乏創新的產品是不具備競爭力的。因此，他要求員工在產品的研發上要有「新思想」，只有「新思想」能讓蘋果重生。

1998 年，蘋果「新的思想」── iMac 電腦終於完美現身，象徵著未來理念的 iMac 一面世就受到消費者的瘋狂追捧，被評為 1998 年「最佳電腦」。

其次，世界最強。賈伯斯始終認為蘋果是世界上最強的公司，並將這個想法滲透到企業文化之中，讓員工相信他們是在為世界最強的公司工作。

賈伯斯告訴員工，蘋果要做世界最強的公司，不僅是在競爭中超越所有公司，而是將這些公司徹底打垮。他不斷強調，蘋果公司就是世界

最強的公司。這種自信而又堅定的企業文化，征服了蘋果的員工和消費者。這種強大的自信文化激發了員工的榮譽感和工作動力，他們相信自己正在為世界最強的公司打造世界最強的產品，將帶給消費者最新奇、最美好的感受。而受這種企業文化的影響，消費者們也以使用世界最強的產品為榮，享受著蘋果產品帶給自己的不同體驗，幫助蘋果進一步提升了競爭力。

然後，引領世界。賈伯斯認為，蘋果不應該只是為了滿足消費者的需求而創造產品，而應該去引導消費者的需求，告訴消費者他們需要什麼。別的企業信奉的真理──「服務世界」，在蘋果變成了「引領世界」。賈伯斯告訴員工們，不要想著消費者需要什麼，你只需做出最好的產品去賣給消費者，讓蘋果來引領世界。於是，蘋果相繼有了 ipod、iphone、ipad 的誕生，幾乎每一款產品的誕生都引發了全世界消費者的追捧。

最後，使用者至上。賈伯斯認為，蘋果的所有產品都屬於個人工具，消費者都是個人使用者。為了讓蘋果的產品帶給使用者最好的享受，他提出使用者體驗至上的理念，要求員工不斷優化產品，將蘋果的每一樣產品都做到幾近完美，讓使用者享受最美好的體驗。

蘋果的企業文化經由賈伯斯的改變，為蘋果員工、也為整個世界帶來了全新的體驗，僅經過一年，原本虧損 10 億美元的蘋果，在第二年獲得 3 億多美元的盈利。如今，蘋果公司早已獲得重生，成為世界上最偉大的公司之一。

將企業的文化精神作為重生的核心競爭力。

許多企業發展到一定階段便會遭遇瓶頸而陷入困境，在生死線上苦苦掙扎。此時，就需要依靠企業文化和企業家的精神來重新凝聚人力，幫助企業起死回生、發展壯大。IBM 前總裁沃森 (Thomas Watson Jr.) 有

一句名言:「你可以接收我的工廠,燒掉我的廠房,然而只要留下我的人,我就可以重建 IBM。」IBM 就是憑藉這種精神,讓企業從谷底得到重生。

現今的市場競爭中,企業面臨的不再是單純的產品競爭,更重要的是人力資源的競爭。因此,企業要獲得重生也不能再依靠產品,而應該將企業的文化精神作為重生的核心競爭力。

賈伯斯將獨特的理念和創新精神融入蘋果的企業文化中,為蘋果樹立了獨樹一幟的企業文化,並將這種企業文化變成蘋果公司的精神所在,帶領蘋果獲得了重生。

然而,許多企業操盤手卻認為企業文化只是企業成功後的宣傳手段,對於處在困境中的企業毫無意義,因為企業文化不能當資金變現,不能當產品使用,根本無法為企業帶來幫助。其實,企業越是處於困境,越需要操盤手重視和運用企業文化,藉此凝聚員工的能量,激發員工的使命感,進而打贏讓企業重獲新生的戰鬥力。

企業的發展與企業文化密不可分,企業文化就是企業的精神和靈魂。只要精神不倒、靈魂不死,不管遇到多大的困難企業都不會滅亡,都能倚靠企業文化精神獲得重生,幫助企業創造更好的未來。

腳踏實地行動加上強大的精神號召力,才是最有說服力的精神領導,讓整個企業迸發出無窮的能量。

明代大儒王陽明曾說:「心外無物,心外無理。」不管在什麼地方,什麼行業,在哪個歷史階段,精神領袖都發揮著舉足輕重的作用。沒有精神領袖的振臂一呼,哪有追隨者的揭竿而起?沒有精神領袖的核心領導,哪來執行團隊的向心力?精神領導,這是一種最穩固的領導關係,古往今來,精神領袖都被看作是組織精神的締造、詮釋和演繹者。

在企業文化的塑造中，精神面的統帥更為關鍵，必須仰賴操盤手的精神領導力，甚至是操盤手的個人人格魅力。這種精神領袖並不是與經濟、事業直接相關，而是一個更高層面的吸引力，這種吸引力能讓大家從內心更願意尊重你、信任你、跟隨你，在各方面成為大家的楷模。

身教勝過言傳，榜樣的力量是無窮的，在企業中，扮演榜樣的最佳角色就是企業操盤手。假如操盤手不能與員工同甘共苦，卻要求員工肯吃苦，這合理嗎？身為總經理不能身先士卒，卻要求下屬迎頭趕上，這可能嗎？一名操盤手整天萎靡不振，卻要求員工在工作時熱情飽滿，這能實現嗎？

「其身正，不令而行；其身不正，雖令不從。」不管是何種行業的企業操盤手，只有踏實地行動加上強大的精神號召力，才是最有說服力的精神領導，才能讓整個企業迸發出無窮的能量。

走出企業文化塑造的盲點

東方航空修改企業文化以後，班機準點率以 85.05% 排名全行業第一。

中國東方航空公司是中國三大航空公司之一，無論是經營規模還是年營業利潤都在航空業處於領先位置。

東方航空的發展歷經了三次體制改革。2004 年以「管理再造、文化創新」為主題的改革，首次將企業文化作為管理方式引入東方航空。東方航空的企業文化包括 10 個方面，包括企業的使命、目標、精神、觀念等，並強調「精誠共進」的核心價值觀，倡導員工為顧客提供最優異的服務。東方航空的操盤手希望企業文化能夠得到員工的認同，凝聚員工力量、激勵員工鬥志，讓企業文化真正展現在員工的一言一行之中。

然而，東方航空的企業文化管理並未帶來預想中的效果，讓操盤手意識到，企業文化不是發給員工一本企業文化手冊、喊幾句口號那麼簡單。他們似乎走入了企業文化管理的盲點，致使企業陷入了幾乎資不抵債、面臨嚴重虧損的境地，2008 年，東方航空的資產負債率高達 115%，虧損 138 億人民幣。

2008 年，東方航空新的操盤手劉紹勇就任，重新大力推廣企業文化。為了營造出積極向上、生氣勃勃的文化氣氛，劉紹勇提出了「東航時間」的服務新理念，要求每一名東航員工都要將手錶上的時間向前撥 10 分鐘，這樣就有更充足的時間了解班機訊息、旅客資訊，以便為旅客提供更好的服務。劉紹勇將「東航時間」融入了企業的每一個部門，上到管理層的決策，下到員工的服務，隨處可見「東航時間」，而這種爭分必爭的服務理念，也為企業和員工帶來很大的改變，東航人一改過去散漫、拖延的壞習慣，更高效地工作。

東航人的改變，旅客是最大的受益者。比如，過去如果有班機誤點的情況，航空公司根本不會告知乘客，常常讓旅客在機場焦急等待，增加了旅客對航空公司的不滿。而現在，遇到天氣或其他原因致使班機誤點，東航會提前發布消息，提醒旅客做好準備，遇到延誤時間過長或取消，東航還會為旅客就近安排住處和提供免費餐飲。此外，東航在飛機上提供意見回饋表，讓旅客提出服務中不滿意之處，以便東航人據此改進。這對於旅客來說，是服務的莫大進步。

此時，東航的企業文化不再僅是喊一句空口號或表面文章，積極向上的企業文化氣氛讓員工對企業的目標、價值觀、服務理念等有了深入的了解，也產生了真正的認同，激發了員工的上進心和工作積極性，每個人的心態和行為都發生了確實的改變。

第 9 章　基因重塑，打造有溫度的企業文化

2016 年，在全體東航人的努力下，班機準點率以 85.05% 排名全行業第一，年利潤總額 96.12 億元，刷新了東方航空公司自成立以來的最高紀錄。

企業文化不是喊口號和做表面文章。

企業文化作為新型管理手段，受到越來越多企業的重視，而企業文化及管理也讓很多企業從中受益，成功躋身一流企業之列。可以說，優秀的企業文化將有效提升競爭力，是頂層設計的關鍵因素。

事實上我們可以看到，已經有越來越多的企業都在內部引進和實施企業文化管理機制，然而卻並非都能從中受益。原因就是許多企業只是將企業文化管理看成是獲取經濟效益的手段，卻忽視了企業文化對於企業發展造成的關鍵效用，致使企業文化管理錯亂，無法發揮真正的效果。

沒有企業文化，企業就失去了發展的原動力，但是有了企業文化卻沒有正確實施和運用，同樣無法帶給企業任何收益。東方航空在 2004 年就提出了企業文化管理的概念，卻因未能徹底理解企業文化的意義，致使東航陷入企業文化管理的盲點，將企業文化看成是喊口號和做表面文章，為企業帶來了巨大的損失。直到劉紹勇上任後，正確地運用企業文化管理，才讓東航人真正見識到了企業文化的威力和影響，成功地轉虧為盈，讓企業文化管理真正發揮了積極效果。

企業文化管理對於企業發展有著不可忽視的重要性，越來越多企業都在著手進行企業文化的塑造，但是，許多企業操盤手對企業文化缺乏深刻的認識和理解，常常陷入盲點而不自覺。

企業操盤手應避免陷入 6 個企業文化盲點。

為了使企業文化能夠真正發揮作用，企業操盤手應增加對企業文化的理解，避免陷入以下盲點。

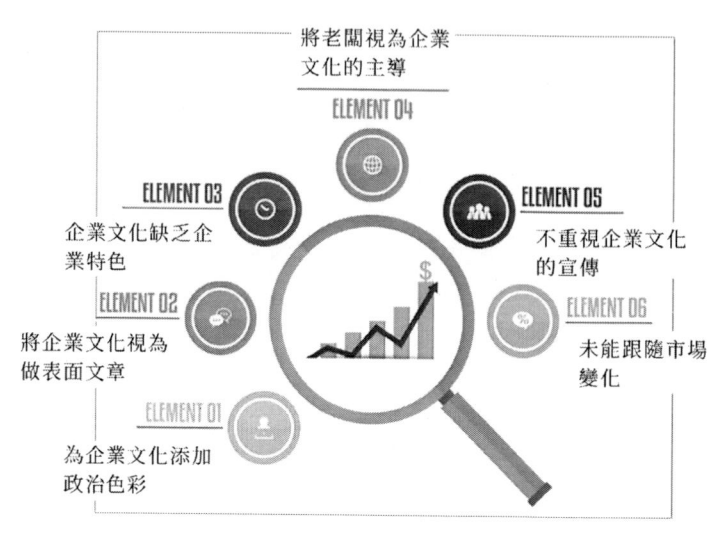

頂層設計篇：站在頂層才能掌控大局

圖 9-7 企業文化的六大盲點

◆盲點一：為企業文化增添政治色彩

許多企業操盤手一提到文化就難免聯想到政治，於是在企業文化中增添政治色彩，從本質上扭曲了企業文化的意義。企業操盤手要清楚，企業文化的出發點是以人為本。企業操盤手要為員工營造關心、尊重、團結、友愛的文化氣氛，經由溝通交流，幫助員工了解和認同企業的價值觀、使命、目標，進而與企業保持目標一致。

◆盲點二：將企業文化視為做表面文章

有的企業操盤手認為企業文化無非就是寫幾句標語、喊幾句口號，於是在公司到處張貼標語，將公司內部環境打造得非常優美，有時還會舉辦員工旅遊或康樂活動。在他們眼中，企業文化做到這種程度已經很豐富了，然而這只是將企業文化表面化、膚淺化，既不具有企業文化內涵，也無法讓員工對這種表面文化產生共鳴，無法讓企業文化管理產生真正的效果。

◆盲點三：企業文化缺乏企業的特色

　　許多企業操盤手看到成功企業都在提倡企業文化，就將之照搬過來，也不管是否符合自己企業的情況，就在公司內強行推廣。這種盲目模仿別人的行為，讓自己企業的文化失去了自身特色，根本無法引起員工的共鳴，企業文化也成了「紙上談兵」，絲毫沒有實際意義。

◆盲點四：將老闆視為企業文化的主導

　　許多企業操盤手認為企業是老闆的，企業文化自然也應該由老闆做主，所以錯誤地將老闆文化代替了企業文化，由老闆提出自己的觀念、設想，再按照老闆給的大綱去制定具體內容，而員工只需要被動接受。這種做法違背了企業文化的理念，將企業文化變成了老闆的精神展現。其實，企業文化實施的主體是員工，唯有讓員工參與企業文化的建立過程，才能讓員工真正從內心對企業文化產生共鳴。

◆盲點五：不重視企業文化的宣傳

　　有些企業操盤手打造企業文化之後，就制定一本企業文化手冊發給員工自己看，或者偶爾在會議上提一下企業文化，證明企業確實有企業文化這回事，卻沒有真正讓企業文化走進員工的心裡，這都是企業操盤手不重視企業文化宣傳的結果。其實，任何新措施的發表，都需要操盤手大力宣傳，畢竟面對新事物，人們需要經歷接受和適應的過程，如果操盤手只是放任員工自己去主動了解企業文化，那等於是告訴員工，企業文化根本不重要。所以，操盤手要對企業文化進行長期有力的宣傳，讓企業文化真正深植於員工內心。

◆盲點六：未能跟隨市場的變化

　　有的企業操盤手打造了企業文化之後，便將其當成百年不變的政

策,不管市場發生了什麼變化,都不針對企業文化進行創新,以至於企業文化不是推動企業發展的動力之源,反成了企業發展的阻礙。其實,企業文化是階段性的,要根據市場的變化而適當創新,不能一成不變,否則就無法成為企業發展的有效助力。

分股合心,股權激勵這樣做

萬科的股權爭奪戰。

2016 年 4 月 10 日,萬科董事長王石在參加年會時表示:「萬科今年將面臨更名換姓。」出現這樣的情況,王石本人也始料未及。

萬科為什麼會面臨這種局面,這要從萬科和寶能的股權爭奪戰開始說起。自從 2015 年 1 月起,寶能旗下的前海人壽及一致行動人鉅盛華開始買入萬科股份,至 2015 年 12 月 31 日,寶能集團共持有萬科約 26.81 億股,占比 24.26%,成為第一大股東。但是王石在一份聲明之中明確表示並不歡迎寶能集團,因為他認為其信用不好,會把萬科拖下水,而且他懷疑寶能的收購資金來源有問題,主要來自於短期債務,風險很大。於是王石宣布萬科停牌進行資產重組,企圖奪回寶能集團在萬科的股份。

為了抵抗寶能的收購,萬科繼續停牌尋找自己的「白衣騎士」。這位騎士就是深圳地鐵。這個時候,萬科的二股東華潤出現了。這位好久不出現,一直被萬科當做壁虎的二股東,突然責難管理層,表示與深圳地鐵合作公告並沒有經過董事會的討論及決議透過,是萬科管理層自己做的決定。現在萬科與華潤的關係也變得非常緊張。

我們再來回顧一下萬科的歷史。萬科上市前,王石擁有公司 40% 的股權。1989 年萬科上市時,王石放棄了萬科的原始股份,進而放棄了成

第 9 章 基因重塑，打造有溫度的企業文化

為萬科老闆的機會，成為一名職業操盤手。當時，王石對自己職業操盤手的身分非常滿意，他曾經說過：「我覺得這是我自信心的表示，我選擇了做一名職業操盤手，不用透過股權控制這個公司，我仍然有能力管理好它。」當然，王石有著個人的更高層次追求而非股權，但我想，如果真的要把自己打下的江山拱手相讓時，一定是心情十分複雜吧。

股權激勵不僅是把公司股票拿出來分給員工。

王石的經歷告訴我們，企業操盤手不是那麼好當的。看似風光、獨立、有能力，能在不同企業中遊刃有餘，領著千萬年薪，但是沒有股權的支撐，這一切都是泡沫。我們再來看看本節主題，股權激勵怎麼做？有哪些盲點需要我們認清楚？操盤手又要規避哪些風險呢？萬科的案例給了我們哪些啟發？萬科與一般上市公司的股權激勵有什麼差別？接下來我們就仔細分析一下。

首先，股權激勵不僅是把公司股票拿出來分給大家。

在房地產行業，大家往往認為錢是最重要的，沒有錢，沒有資金流，就做不成房地產。假如資金這麼重要，那還有必要執行股權激勵嗎？我的答案是有必要。

我們先要搞清楚什麼是股權激勵。股權激勵實際上是以人為核心的策略，以此作為剩餘價值分配的依據。對於萬科這麼大的房地產公司，把人當做主要生產力，提出事業合夥人的想法，是非常大的進步。尤其是對於智力型公司，比方說網際網路公司，人的因素就更重要了。

因此，股權激勵跟老闆的胸懷無關，股權激勵不僅是把公司股票拿出來分給大家，而是企業工作者在薪資之外，獲得本該屬於自己創造價值的部分。

其次，萬科的股權激勵展現了「責任共擔」和「事業共創」。

頂層設計篇：站在頂層才能掌控大局

這是什麼意思呢？說起股權激勵，大多數員工首先想到的就是額外的福利。員工的想法和要求主要有這兩點：第一，能不出錢就不出錢；第二，就算出錢，我不想承擔風險，假如失敗了，希望我的錢能拿回來。

但是萬科不是，萬科首先拿著大家的獎金去二級市場購買股票。同時萬科還引入槓桿，進一步擴大投資的風險。此時，股票的漲跌，持股的員工會比其他股東更關心。這就不僅是股權激勵了，而是讓員工和真正的股東一樣在享受股東權益的同時，還要和公司一起承擔風險。

接著，股權激勵的原則：員工跟投機制。

萬科的跟投機制展現了一個股權激勵的原則，就是讓拿股份的員工的損益盡可能與自己的貢獻攸關。

一名員工拿著公司幾萬分之幾甚至十幾萬分之幾的股份，即使他們要和公司股東一樣風險共擔，但是對員工的影響並不大。也就是說，一名員工的工作表現，並不一定直接影響到萬科的盈利情況。那有什麼辦法呢？就是跟投機制。萬科的每一個新投資專案都要求專案經理必須跟投，其他人員選擇性地跟投。假如專案經理自己都不看好這個專案，不敢投資，那這個專案就沒有繼續下去的必要了。跟投機制，讓員工的價值貢獻和收益直接攸關，才是最有效的股權激勵。

企業操盤手進行股權激勵的注意事項。

說完了萬科的案例，我們來看看一般在股權激勵中，企業操盤手會遇到哪些盲點？一般來說，企業操盤手在進行股權激勵會遇到以下四個盲點：

第 9 章　基因重塑，打造有溫度的企業文化

```
股權激勵要與策略業務互相配合，股權激勵是為了實現策略。
        ↓
缺乏統籌，喪失控制。
        ↓
股權激勵要考慮激勵的對象。
        ↓
要激勵有價值、為企業創造利潤的人，同時也要兼顧創業元老。
```

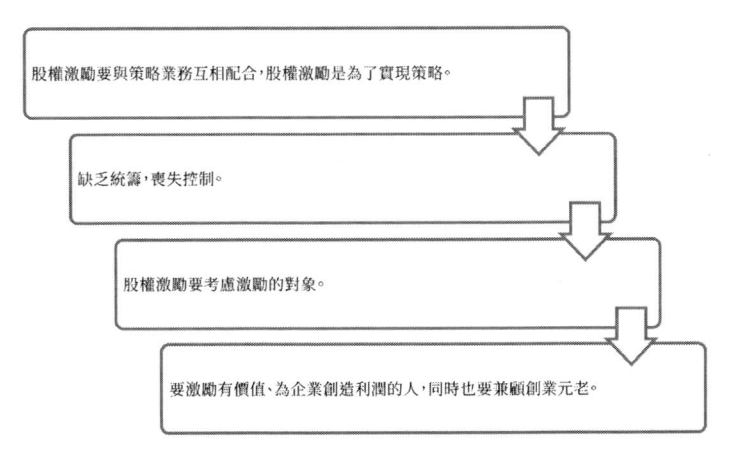

圖 9-9 股權激勵的四個盲點

◆**股權激勵要與策略業務互相配合，股權激勵是為了實現策略**

　　我認識的一名操盤手，他操盤一家資訊公司，這個公司的主要業務是做電信營運商的加值業務。當時，這類加值業務是非常熱門的，收益也很可觀。但是後來智慧型手機走上競爭舞臺，對這類加值業務造成了很大的衝擊，這家公司也不例外。怎麼才能扭轉這個局面呢？他想做一次股權激勵，鼓勵大家依現在的局面先創造利潤。但真實情況是，根本沒有人想得到這個股權，因為在員工眼裡，公司已經苟延殘喘了，這次的股權激勵非常失敗。

　　後來，這位操盤手決定做業務轉型，他參與投資了現在看來非常優異的業務，手機遊戲和線上教育。這次的業務轉型非常成功，公司在短時間內就有了非常顯著的起色，同時有不少投資都找上門。在這種情況下，他對企業進行股權激勵，這次的效果就非常好，員工受到了鼓舞，特別是核心管理層。有一段時間，其公司董事長因個人因素一整年沒有參與企業經營，但是管理層一個人都沒離開，公司運轉非常順利，還執行了好幾個業內有名的併購案。

頂層設計篇：站在頂層才能掌控大局

因此，股權激勵要和策略業務互相配合，股權激勵是為了實現策略。但是，當一個企業策略目標和業務領域都不清晰的情況下，執行股權激勵就是自尋死路。股權激勵不是萬能的，一個企業想單純靠股權激勵起死回生，是不現實的，應該優先釐清策略和業務。同時，激勵哪些人、激勵的力度也要和策略互相配合。

◆缺乏統籌，喪失控制

很多企業操盤手和老闆擔心，如果我把股權分出去，會不會大權旁落？這個公司還是我的嗎？我說的話還有分量嗎？

所謂的合夥人，是指真正和企業一起成長，為企業發展發揮重要價值的人。在團隊十分成熟，發展穩定的前提下，我建議在合夥人層面要涉及到控制權的設計。也就是說，當企業發展到這個地步，光聽老闆一個人的，獨斷專行也是一種風險，尤其是涉及到公司命脈的決定之時。阿里巴巴也不是馬雲一個人說了算，其他合夥人也有話語權。

但是，對於其他激勵對象而言，我建議仍應集中投票權。對於那些持股量很小的股東來說，他們的話語權並沒有多大的作用。

集中的方法有很多種，現在通常採用平臺持股的方式，成立一個合夥企業作為持股平臺，投票權集中於創始人或老闆。

另外一種方式就是簽署一致行動人協定，把投票權轉給老闆。或者本身股權激勵的標的就是虛擬股份，不是實股，也不涉及投票權旁落的問題。現在華為所採用的就是這種虛擬股份，只參與分紅不投票。

◆股權激勵要考慮激勵的對象

我在擔任企業操盤手時，時常考慮這幾個問題：是全員持股還是核心持股？股權應該給誰？我認為，股權應該給對公司的發展帶來至關重

要作用的人。如果一個人的去留對企業來說沒有多大影響，那他就不是企業股權激勵的對象。

企業操盤手要搞清楚，股權激勵不是員工福利。股權激勵要展現激勵性，要注意以下兩點：

第一，永遠關注最重要的人。普通員工能不能給？能給，但是要和合夥人有非常大的差異。這個差異不是一千、兩千，而是 1,000 倍、2,000 倍，甚至更大的差距。

第二，股權激勵必須要與考核相關。股權激勵要刺激員工為企業做出更多貢獻，而不是吃老本。貢獻越多，才能拿到更多的股份。公司的餅還未做大，分股份的人就越來越多，這種情況下的股權激勵是沒有意義的。

◆ 股權激勵要激勵有價值、為企業創造利潤的人，同時也要兼顧創業元老

企業操盤手可以學習一下聯想是怎麼實施股權激勵的。

聯想在實施股權激勵時，要考慮 1984 年和聯想一起創業的功臣，為什麼呢？

一是這些人為聯想創造了價值，雖然無法確保他們一定會和聯想一路走下去，但是對於歷史的創造者，一定要給予獎勵。同時，拿到獎勵的人可以把重要的位置讓出來，把機會讓給那些有想法、有幹勁的新一代。

另外，一個公司對待元老的態度，展現了這個公司對歷史的尊重和人文關懷。不考慮元老，很容易讓員工有兔死狐悲、人人自危的感受。所以要考慮公司元老，但不能考慮太多。

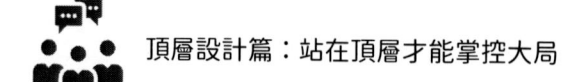

其次是獎勵，獎勵那些為公司創造利潤的人，鼓勵他們繼續努力，爭取更大的成功。最後是留存，留給未來的人。未來，企業需要更多的人才，同時現在的核心人物若取得了更大的成績，也有激勵的必要。

　　股權和金錢不一樣，錢可以再賺，但是股權是稀缺資源，所以一定要考慮未來。

第 10 章　搭框架
——打造堅固的組織結構

鑽石之所以比石墨堅硬，比石墨值錢，關鍵是其結構不同。

如今，我們的一隻腳已經邁進了資訊時代，尤其是以行動網路為代表的資訊化社會，企業組織正在發生什麼樣的變化？它將會往什麼方向發展？組織的創新又將面臨什麼新課題？這一切，都還有待人們去發現、研究和實踐。對於傳統產業而言，組織已經變得越來越官僚、渙散和僵化，原本由工業文明時代引領的組織形式也正在失去魅力。「不是我不明白，是這世界變化太快」，但不管世界如何變化，組織的某些本質始終是不變的。

新舊員工有進有出，團隊也會不斷地解散、重組，組織結構會不會也因此而頻繁變動？如果企業沒有一個好的組織設計，企業的管理將處於混亂狀態。

組織結構是什麼？它存在的理由是什麼？它又是為誰服務的？我將帶領大家深入領會策略和組織的相互關係與內在邏輯，以及我們將如何迎接網路時代的組織挑戰。

站在頂層的組織結構到底如何設計更科學，需要遵循什麼思路和方法，如何讓它更符合企業自身實際情況，並且適應企業長遠發展需要？很多企業操盤手是迷惘的，問題千頭萬緒，不知如何下手。帶著這些困惑，在本章中，你將會找到你想要的答案。

頂層設計篇：站在頂層才能掌控大局

「網際網路＋」的扁平化組織結構

奇異和IBM從「集權式」組織結構到「扁平化」組織結構。

傑克‧威爾許（Jack Welch）是奇異的執行長，他曾說過：「一個人穿了6件毛衣後，就感受不到外界氣溫的變化了。」當時奇異的內部組織非常複雜，這一點讓傑克‧威爾許非常惱火。他認為，企業的層級太多，就像為企業穿上了好幾層厚重的衣服，令企業高層無法準確感知外部市場環境的變化，導致企業發展受到限制。

在他的努力下，奇異的層級減少了75%。原本從基層員工到董事長一共有24個層級，現在只有6個；原來公司一共有60個部門，現在只有12個；公司管理人員從2,100人縮減到1,000人，公司的副總在扁平化風暴中同樣位置不保。

無獨有偶，IBM公司前執行長郭士納接掌公司後，也將原本「中央集權」式的金字塔結構變為更為扁平的組織結構，在IBM，銷售人員與總部執行長的層級僅有四、五層。業務員在銷售過程中遇到問題，可直接要求上司出面協助談判，或直接召集和請求組織提供更多資源解決業務問題。凡被業務人員召集的員工都要做出響應，集中公司一切可能的力量和辦法解決一線問題。

市場變化快，隨機應變的事情太多，必須縮短決策路徑，實現扁平化迫在眉睫。

不管是奇異還是IBM，他們早就開始了扁平化的組織結構。到底什麼是扁平化？所謂扁平化，就是透過減少企業內部管理層級，來優化管理，減少企業內部摩擦和管理成本，達到提高工作效率的目的。扁平化組織的特徵是管理重心全面下移，一線職位被賦予更多的權力與責任。

然而，管理者的管轄範圍變得更寬，更仰賴管理人員的能力素養。

為什麼組織要扁平化？在傳統企業中，中層的主要作用是上傳下達，也就是向上級回饋來自基層的訊息，向下級員工傳達上級的指令。傳統企業組織有點像朝鮮軍隊，兵種很清晰，層級非常分明，基礎的作戰單元以團、旅為主。而現代企業更像是美國軍隊，美軍的資訊技術非常發達，基礎作戰單元十分扁平化，以特種部隊為主，縱觀美軍最近幾年的行動，無論是追捕薩達姆·海珊（Saddam Hussein），還是刺殺賓拉登（Osama bin Laden），都是由五角大廈直接指揮特種部隊完成的。

因此，傳統組織的功能將逐漸退出企業組織結構的舞臺，取而代之的是資訊技術的發展和管理工具的廣泛運用。也就是說，現代企業的老闆必須充當美軍「五角大廈」的角色，而企業的中層管理人員則是特種部隊的隊長。傳統企業由於商業模式成熟，操盤手每個月所做的重大決策非常少，但是現代企業就不一樣了，由於市場變化快，需要隨機應變的事情太多，因此必須縮短決策路徑，現代企業實現扁平化迫在眉睫。

具體來說，扁平化組織有三大特點：

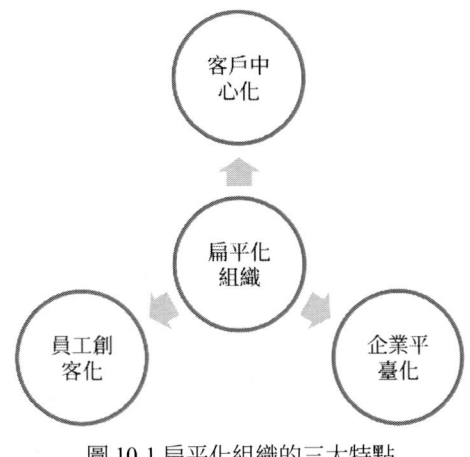

圖 10-1 扁平化組織的三大特點

◆客戶中心化

現代企業面臨的市場環境十分複雜，說變就變。企業操盤手必須不斷根據市場的變化調整對策。因此，在扁平化的組織模式中，除了常規的組織結構外，還增加了以客戶為中心的橫向業務單元，針對同一產品、同一類客戶、同一地區的業務進行整合。

決策權由集中到分散，不是聚集在一個點上，而是去中心化，也就是說，由那些直接接觸到客戶的基層員工提供最直觀的資訊，以客戶為中心，根據客戶的情況做出決策。扁平組織包括決策層、管理層和執行層。企業管理決策將由團隊成員提供意見，集體做出決策，每個人都要負起自己的責任。

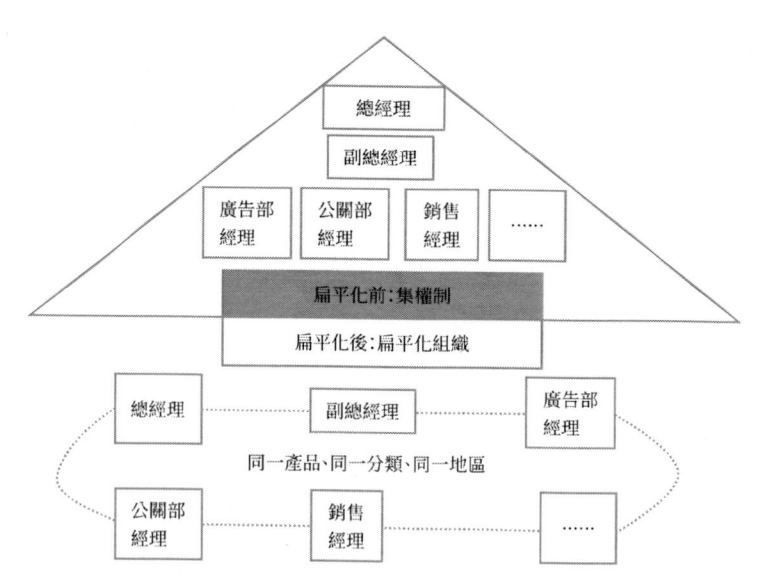

圖 10-2 企業扁平化前和扁平化組織後的區別

◆企業平臺化

企業組織扁平化讓傳統企業的部門之間變成協同關係，使用者也可以參與決策。這種變化把組織變成並聯平臺的生態圈，組織是活的，可

以隨時變化，人員也是活的，可以隨時調動。企業平臺化讓企業各部門之間實現資源共享，提高了工作效率。

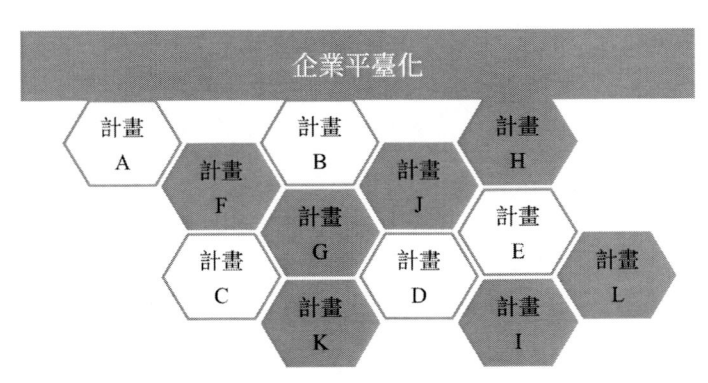

```
            企業平臺化
  計畫         計畫          計畫
   A          B            H
       計畫       計畫
        F         J
           計畫       計畫
            G         E
   計畫       計畫              計畫
    C         D              L
       計畫       計畫
        K         I
```

圖 10-3 扁平化的蜂窩組織結構

上圖是一個扁平化的蜂窩組織結構，每個小蜂窩都代表一個獨立的計畫，他們之間相互合作又互相獨立，一個個蜂窩組合起來就形成了一個巨大的扁平化平臺。

不管企業有多少員工，都可以朝著扁平化的方向發展。當平臺能支撐的團隊及團隊成員是十幾家獨立公司時，成員就會達到 200 人甚至 2,000 人的蜂窩數量級。

因此，那些上萬人的企業，比如華為、海爾，當他們成為扁平化的企業組織時，相信他們內部充滿了無數個蜂窩組織，進而形成了過猶不及的生態系統。每個蜂窩組織都按照既定的遊戲規則執行，進而得以百花齊放、百家爭鳴。

◆**員工創客化**

在扁平化組織中，過去處於金字塔底端的團隊成員將成為企業團隊中至關重要的部分，他們直接面對產品、客戶及使用者，親身感受使用者體驗，了解使用者感受，第一時間根據使用者的回饋提出任務、討論

任務，並推動任務實施和完成。

扁平化的企業管理團隊中，主管和團隊實現了真正的平等對話。每個人都有機會釋放自己的創造力和想像力，每個人都是自由盛開和綻放的花朵，擁有獨立的空間。他們能夠感知市場並及時把握住機會、做出訊息回饋的創造者，每個人才都有機會實現自己的夢想，都可以是以自己為中心的一家「公司」，藉助企業生態圈進行資源整合，完成自己的「創業」。

企業操盤手打造扁平化組織結構的三大關鍵。

企業操盤手要如何打造扁平組織呢？掌握了以下三點就容易多了：

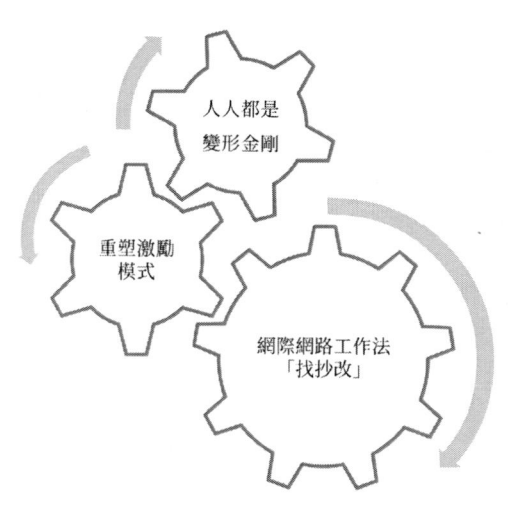

圖 10.5 扁平化組織結構的三大關鍵

◆人人都是變形金剛

在扁平化組織中，人才是可以重複使用的，就像是變形金剛，可以隨時組建團隊，或者是組建虛擬任務小組，完成任務。不管是企業內部的基礎建設，還是市場行銷，都可以運用這樣的方式組隊，完成許多不可能的任務。

需求明確後，企業就要組織內部資源，除了常規的人力資源可以由固定的職位提供，其他職位都可以從自己的部門，甚至其他部門臨時調配，或者直接運用企業外部資源，比方說外包、供應商等。如同變形金剛隨時變化形狀，企業也可以隨時調動人力，有效地支持工作任務。

這種「變形金剛」式的組織結構，組成成員可以來自於公司內部，也可以請外援。他的精神本質是開放的，是在一個開放的系統下誕生的。如此便大幅度地擴展了企業平臺的邊界，形成了對接外部的「無組織的組織」，乃至「無邊界的組織」。

◆網際網路工作法：「找抄改」

網際網路的根本理念是開放和共享，在這種理念下，「找抄改」成為網際網路企業快速成長的又一工具。什麼是「找抄改」？「找」就是在網際網路上尋找專業技術人才和寶貴資源；「抄」就是借鑑前人的寶貴經驗；「改」就是根據市場環境和發展規律，為產品和平臺注入新鮮的血液。

當每個人都被網際網路串連起來，每個人都有機會成為關鍵的節點，每個人都能傳遞自己的創意和能力，每個人都可以依靠網際網路來承接和完成任務。

比方說經營網站開發、APP軟體開發的公司，基本上客戶提出來的任何需求，網際網路上都能找到現成的程式。程式設計師們可以根據具體的要求，對現成的程式進行修改和完善。在這種模式下，產品開發速度快、品質好，在薪酬方面，計算模式也很有彈性，可以按天數算、依案件算，也可以依據任務結果算，並且成本低，幾乎沒什麼風險。這種模式我們從2000年開始嘗試，目前幾乎所有技術產品都是如此開發出來的，這也是很多網際網路企業所常用的成熟模式。

頂層設計篇：站在頂層才能掌控大局

◆**重塑激勵模式**

操盤手想要打造扁平化組織，激勵模式也要改變。傳統企業的激勵模式一般都是按小時付費，或者是績效獎金，然而如今有更科學、更有效的激勵方式，一是按效果付費，另外一種是把員工變成合夥人。

從按時間付費到按效果付費。在「網際網路+」時代，我們的生活正被外包平臺改變，未來還會有更多新興的想法不斷被實現。例如，網路上有一篇「Uber將提供程式設計師服務」的虛構文章，令人腦洞大開。在這篇文章裡，作者設想在未來的程式設計師、開發人員乃至一切工種，都有可能從更開放的網際網路組織中尋得，就像Uber司機取代了很多企業的專職司機一樣。

圖 10-6 從按時間付費到依照效果付費

在未來，新興企業不會像傳統企業一樣採用人海戰術，應徵大量員工。特別是注重輕資產的網際網路公司，越多的員工會造成人力成本過大，同時人才的範圍也被制約了。不管企業有多大，員工的人數是有限的。同時，按照時間付費的模式並不會對員工產生激勵的作用，員工會

覺得，只要自己做滿 8 小時，公司就會發薪資。

在扁平化的網際網路企業中，改變了企業和員工之間的關係。扁平化企業習慣採用的方式是外包、資源整合等，從企業的外部獲取人才資源，這種合作模式改變的是支付報酬的模式，從原來的按時間工作制付給正式員工、全職員工薪水，變成了依照結果付費，依任務量付費，依成效付費。

這種模式確實會對企業的聘僱方式帶來顛覆。把企業需要完成的工作都當作一項可以由更大的組織、更廣泛的人員完成的任務，由原本的全日制付薪方式，轉變成按小時付費，或者依照工作效果付費的方式。

改變分配制度，員工變成合夥人。如果企業是早期的創業企業，計劃分給公司元老的股份或者期權可以依對方的能力為參考，比如是資本入股、技術入股還是其他，這些資源的估值決定了合夥人的占股比例。

對於那些用金錢為資本入股的人來說，員工是為了自己的未來做專案投資，他們會和企業一起共擔風險，共同努力，他們會珍惜這樣的機會，自發地具備「主角」精神。

但是對於以技術入股的人，由於不涉及自己切身的經濟利益，所以大多數人不會共擔風險，應設計約定對方的服務期限及完成目標等，如果不能按約定履行義務，則需相應減少或轉移股份。

雲端管理，未來企業的組織管理模式

「雲端管理」是網際網路時代，企業組織管理里程碑式的改革。

不可否認的是，網際網路正在改變我們的一切，包括我們的生活方式，我們的工作方式，加上智慧型手機的普及，企業的組織管理形態也

發生著翻天覆地的變化。資訊革命呈現全球化、網際網路化的發展趨勢，企業原有的結構也被打破。企業操盤手在進行企業結構重塑時，還要思考很多因素，比如權力、關係、連線、規則和對話方式。網際網路改變了關係結構，摧毀了固有身分，如使用者、夥伴、股東、服務者等身分在一定條件下可以自由切換。網際網路亦改寫了地理邊界，打破了原有的遊戲規則。

毫無疑問，我們已經不知不覺加入網際網路改革的行列，因此，企業內部的管理創新已迫在眉睫，「雲端管理」成為變化趨勢。當其他的網際網路公司乃至傳統企業在轉型期間都已經開始雲端管理、開始支援雲端辦公時，你準備好了嗎？

當其他公司一群年輕的九年級生已經實踐著雲端管理的時候，你是否還要求員工每天準時去公司報到，是否還延續著以 KPI 考核指標來吸引人才？當你的競爭對手說，我們可以在家辦公，員工可以享受舒服、自由、信任度更高的家庭辦公環境時，你能保證你的員工不會被對方吸引？當美甲美睫、按摩等服務都已經開始上門服務，其他公司的員工可以一邊在家辦公、一邊享受這些服務時，你還要你的同事天天花費幾個小時通勤、心急如焚地趕赴公司辦公，這樣工作會高效嗎？

雲端管理的管理系統允許並支援組織中的每個人用筆記型電腦或手機辦公；可以在家裡、咖啡館、車上甚至在銀行排隊時辦公；可以躺著，可以窩著，可以去任何一個城市；可以定期線下開會，其他時間各自回家；也可以把應徵、面試、入職等全程工作都透過網路進行。雖然團隊成員中會有一些注重人際關係、喜歡和大家在一起的人，可以到公司集中辦公，但大家依然遵循著雲端管理的管理規則。

「雲端管理」可以幫助企業大大降低管理成本，提高工作效率。「雲

端管理」是網際網路時代企業管理里程碑式的革新，他充分利用網路的便利，讓企業的組織管理走上雲端，透過這種創新的管理模式，把企業打造成一個集高效和活力於一體的智慧體。「雲端辦公」就像前述案例裡提到的，指的是居家辦公，遠端辦公的工作形式。在雲端管理的形成過程中，企業將突破地域和時空的限制，讓雲端辦公和集中式辦公的差別大幅縮小，是企業形成雲端管理之後的結果。

圖 10-8 雲端管理組織模式的效果

「雲端管理」把看得見的企業管理變成無形的、高效的、低成本的、自主化的管理模式。「雲端管理」徹底把企業從工業時代帶入了訊息時代，先把企業從無到有建起來，將企業整體平臺化，做成無形的、系統化的企業生態系統，做成支持創意、創新、創業的森林，讓平臺化的系統生態企業去孵化出更多的創新型組織、創客型團隊。

「雲管理」讓每個人都有機會成為創業者，讓每個人都有機會當老闆，創業不再是天方夜譚。在「雲端管理」的模式下，每家企業都會有機會獲得陽光和雨露的滋潤，也會因為缺乏創造性而衰亡，也有機會再涅槃重生，再創輝煌。

企業操盤手打造雲端管理組織模式的兩個要點。

既然雲端管理的組織管理模式如此重要，企業操盤手應該如何打造雲端管理的組織模式呢？以下兩點可以為企業操盤手所用：

圖 10-9 打造雲端管理組織模式的兩個要點

◆改變管理邏輯，從處處限制到無為而治

如果我們改變不了世界，至少不要被世界改變。我們能做的是壯大自己，讓我們變得不那麼容易受到傷害。如果你相信別人複製了你的程式，複製你的產品或遊戲，他們就成長了，你卻因此無法生存，那還不如早點讓別人來領導你，透過更合理的分配機制達成雙贏。很多企業操盤手在決定是否採用雲端管理組織模式時，都會擔心員工不安心工作、工作效率、商業機密等問題。

其實，這是企業操盤手本身的一種思考局限。對於員工，我們不能簡單地把人分成好人或者壞人，以我們有限的知識而認定為惡的東西，其實也有善的部分。也許用同理心，站在對方的角度思考，他們確實遇到了非常大的困難，比如家裡有老人要養，有孩子剛出生，孩子上學需要買學區房等等。我們也許會有更妥善解決問題的方式，可以根據對方的能力，運用更好的分配機制和激勵機制。

如果我們實在擔心商業機密等問題，可以留意以下幾個方面，儘量保

證公司的系統和資料安全：1.依法律簽訂保密協定；2.就管理上將產品和數位內容分級分塊加密、授權管理；3.隔離敏感資料庫，確保資訊安全性；4.在產品和數位內容上應用浮水印技術等。不過真正高效的管理，不是控制別人的時間，不是限定人身自由，不是禁止複製公司的程式，這些僅僅是一些基本規則。更高效的「管理」，是對人心的管理，是基於對人性的尊重。

◆實行人性化管理

企業操盤手建立雲端管理的組織模式，就要開始嘗試雲端辦公，讓團隊開始遠離辦公室，遠離自己能夠看到或者掌控的範圍，給團隊一個自由、尊重、信任、透明和開放的環境，為企業打造一種嶄新的企業文化，這種文化我們稱之為「有溫度」的企業文化。建立雲端管理的組織模式，企業操盤手要不拘泥形式，無論是社群平臺群組，還是其他各種通訊軟體，我們可以靈活運用每一種軟體和每一套工具。這就像是武林高手過招一樣，真正的高手不在乎兵器，在乎劍法，不管是用劍還是樹枝，都可以打敗對手。

組織設計：基礎不牢，地動山搖；基礎扎實，堅如磐石

CSR 企業組織設計讓企業一直保持平穩的發展。

我曾操盤過一家餐飲企業——CSR，這家餐飲企業成立於 2006 年，企業旗下擁有兩個餐飲品牌，尤其是燒烤。至 2011 年年底，CSR 的門市數量已超過 15 家，員工規模達到 800 多人，在燒烤業已奠定相當的知名度和好感度。

我於 2011 年開始進入這家企業擔任操盤手，經過一年的詳細謀劃，我在 2012 年為 CSR 制定了四年的策略規劃，歸納了 10 大核心要點。

1. 有所不為才有所為，專注休閒餐飲細分市場；
2. 提出「4380」成長目標；
3. 發展連鎖經營；
4. 重視目標市場的調研與分析，正確選址；
5. 門市經營管理制度化、規範建立中央廚房，提高工業化程度；
6. 菜色品質與服務規範化、標準化；
7. 提升員工素養和人均效率，穩定員工團隊；
8. 強化財務監管，降成本控費用；
9. 建立並完善資訊化管理系統；
10. 提升市場行銷技能，重視打造品牌。

隨後，我們設計了基於 CSR 發展策略的組織架構，一共設計了近期架構、中期架構、和遠期架構，分三階段推進 JR 策略的實現。

近期架構 (2012 至 2013 年)：

亦為過渡型「5+N」架構，即總部 5 個部門及多家門市。與原架構的最大區別在於，從原先純粹的職能型改為矩陣型。如圖 10-11 所示。

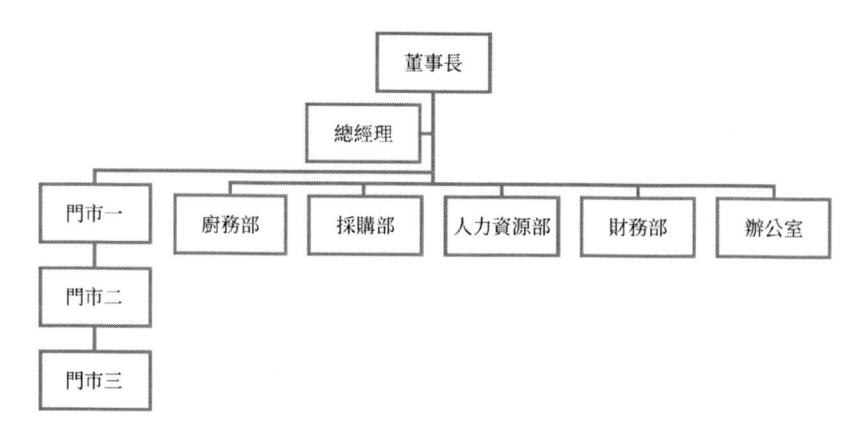

圖 10-11 CSR 過渡型架構

第 10 章 搭框架—打造堅固的組織結構

中期架構(2014 至 2015 年)：

為「8+1+N」架構，即總部從 5 個部門擴展至 8 個部門，另增設 1 個非正式的「管理委員會」，N 代表門市數量，同時，門市的「區域總部」概念在此期間逐步顯現。與先前架構的主要區別在於兩個方面：一是隨著開店數量的快速增加，公司企劃、門市經營和定址裝修開店的重要性突顯，成立企劃部、營運部和營建部已成為必然且迫切的需要；同時，門市的成長，對廚務部和採購部的工作量、工作複雜程度、難度都將出現更高的要求，從原「部門」上升至「中心」，不僅是展現其對公司的重要性，更是要求兩大中心逐步健全完整職能。如圖 10-12 所示。

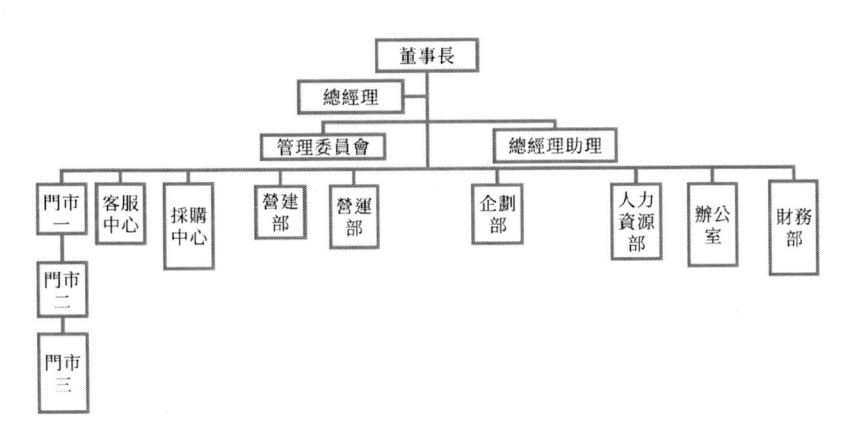

圖 10-12 CSR 中期架構

遠期架構(2015 年後)：

為「11+1+N」的架構設計，即總部 11 個部門、1 個管委會和多家門市。與中期架構相比，主要區別展現在四個方面：一是門市營運管理的重要性提高，從「部門」升至「中心」；二是需要透過加盟形式快速開店布局，成立「加盟事業部」專門從事前期招商和招商後加盟店的服務；三是門市連鎖將成氣候，單純靠一、兩個資訊技術人員已無法滿足工作要

257

頂層設計篇：站在頂層才能掌控大局

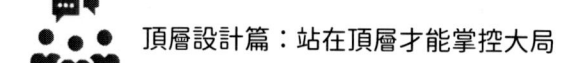

求，需成立「網路資訊部」；另外，屆時「審計監察」的職能也需提高層級，否則很難對分散在各地區的門市經營與管理行為進行監管。

經過我的組織結構設計，CSR 企業始終在人力、財力上保持平穩的發展，在 2015 年實現了策略目標。

如果企業沒有妥善的組織設計，企業管理將處於「流水兵」的混亂狀態。

組織結構作為管理的基礎平臺，它對於企業的重要性，就如同 Windows 作業系統之於電腦，或者是 Android、蘋果系統之於智慧型手機 APP 軟體。如果組織結構這個管理基礎平臺從源頭就有問題，那麼後續的管理混亂就無法避免。反之，如果妥善地解決了組織結構的問題，也就可以大大減少其他管理問題的產生。

那麼，組織結構應該如何設計？根據我們多年的組織設計研究與操盤經驗，組織設計應該遵循以下的方法論邏輯：

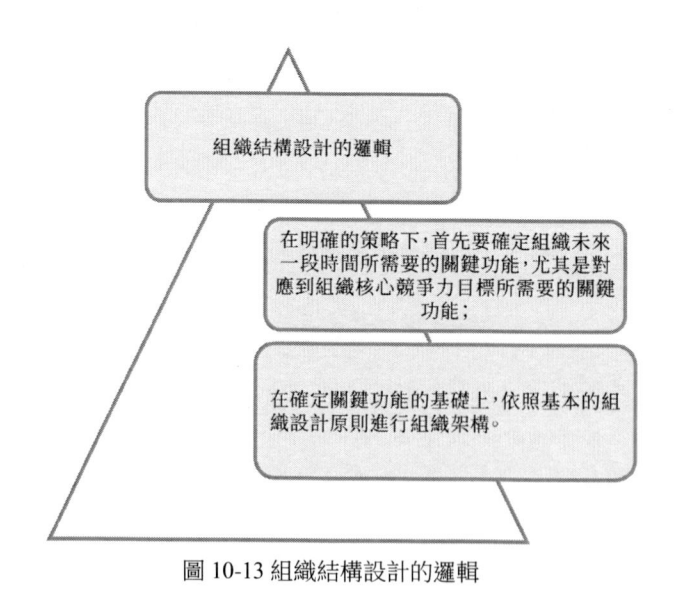

```
組織結構設計的邏輯

在明確的策略下，首先要確定組織未來一段時間所需要的關鍵功能，尤其是對應到組織核心競爭力目標所需要的關鍵功能；

在確定關鍵功能的基礎上，依照基本的組織設計原則進行組織架構。
```

圖 10-13 組織結構設計的邏輯

企業操盤手進行組織設計的四個步驟。

按照上面組織設計的邏輯，我在為企業設計組織結構時，一般會按照下面四個步驟進行：

職能梳理：要完成組織的目標，我需要做什麼。

定編定人：在組織框架下，根據各部門的職能要求進行職務名稱的規範設置，並確立其職責。

1　2　3　4

功能定位：希望取得什麼樣的競爭地位，將決定組織設計站在什麼樣的起點上。

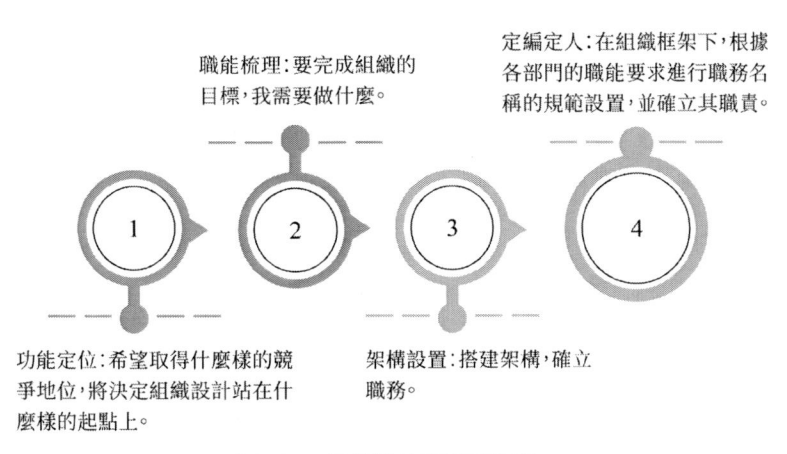

架構設置：搭建架構，確立職務。

圖 10-14 組織設計的四個步驟

◆**功能定位：希望取得什麼樣的競爭地位，將決定組織設計站在什麼樣的起點上。**

企業操盤手進行組織功能定位設計，主要從兩個方面進行思考，即策略定位和核心競爭力目標。

首先，企業操盤手要根據市場地位定位，確定對組織的能力要求。企業在市場競爭中給自己什麼樣的定位，影響企業的組織功能，也就是說，企業在產業中希望取得什麼樣的競爭地位，會決定組織設計站在什麼樣的起點上，未來應該達到什麼樣的位置。假如企業未來的策略定位是做產業的領導者，對應的策略目標是市場占有率最高、品牌影響力最大、整體競爭力最強，那麼對組織功能的要求是能力素養要非常高，對組織的創新與改革要求也高。

假如企業未來的策略定位只是做一個追隨者，對應的市場占有率要求也不高，競爭力較弱，那麼對組織能力素養也就要求不太高，對組織的創新要求也就一般。如圖 10-15 所示。

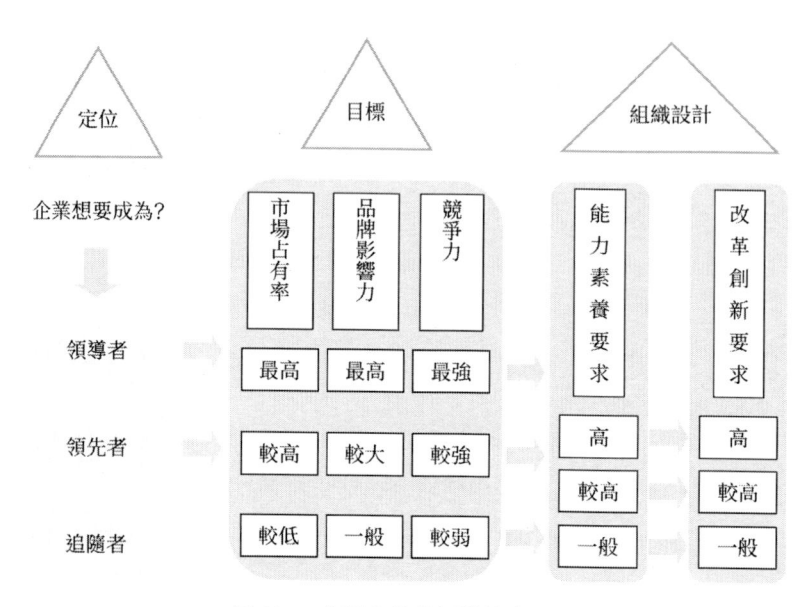

定位	目標			組織設計	
企業想要成為？	市場占有率	品牌影響力	競爭力	能力素養要求	改革創新要求
領導者	最高	最高	最強		
領先者	較高	較大	較強	高	高
				較高	較高
追隨者	較低	一般	較弱	一般	一般

圖 10-15 市場定位與組織能力要求

其次，根據核心競爭力目標，釐清對組織能力的要求。核心競爭力的建立是企業策略的重要組成部分，而核心競爭力的形成最終會反映在組織層面，也就是組織在運作過程中所表現出來的能力。

假如企業的核心競爭力目標是研發與技術，那麼對應的組織功能定位就是要建立強而有力的研發與技術組織，並且要加大激勵程度，實行政策傾斜；假如企業是以行銷為核心競爭力目標，那麼就要建立強而有力的行銷系統，行銷組織要非常完善，集合強大的行銷人力資源去推動整體能力的形成；假如是以成本管理為核心競爭力目標，那麼就需要建立出色的供應鏈管理組織系統，加強成本管理的組織運作。

第 10 章　搭框架—打造堅固的組織結構

◆**職能梳理：要完成組織的目標，我需要做什麼。**

職能和職責含義有所不同，職能主要是指機構所需發揮的作用和功能，職責是職位上要求個人應當擔負的責任，兩者的主要區別在於：職能多對機構而言，職責則是對職位和個人的要求，職責是職能的具體分解。

因為缺乏對組織結構設計的前瞻與系統邏輯，很多企業操盤手無法真正盤點適應未來發展的關鍵職能，並建立組織架構。

組織的職能是管理中的重要一環，也是許多具體管理工作的前提，它代表著「要完成組織的目標，我需要做什麼」，其重要性和作用不再過多敘述。組織職能包括了部門職能和職位職責，其中職位職責來源於職能的歸屬和分解。很多企業，甚至相當多的諮商公司都在執行部門職能梳理、職位分析，但往往只是分析現狀，其直接後果就是導致關鍵職能缺失。

其實，組織責任系統應該解決以下兩個問題：

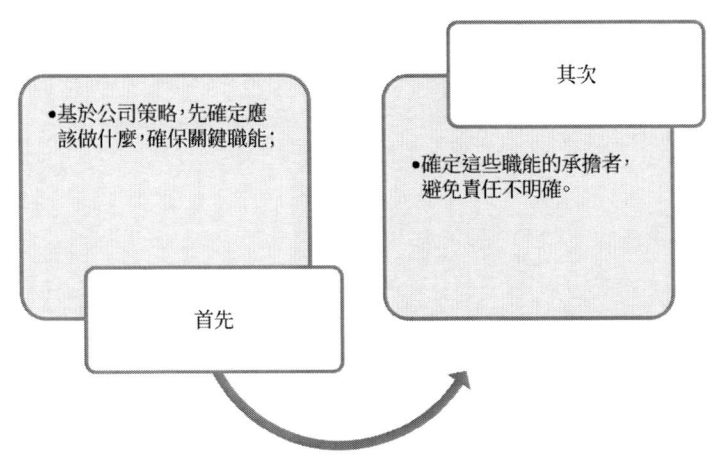

首先
- 基於公司策略，先確定應該做什麼，確保關鍵職能；

其次
- 確定這些職能的承擔者，避免責任不明確。

圖 10-16 組織責任系統應該解決的兩個問題

企業操盤手唯有釐清這兩方面，組織責任系統方為完善。

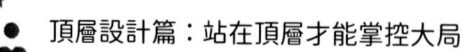

頂層設計篇：站在頂層才能掌控大局

◆**架構設置：搭建架構，確立職務。**

企業操盤手設計架構分兩部分，一是治理結構，二是組織結構圖。

治理結構。實際上，組織結構的最頂端是企業治理結構（通常也稱公司法人治理結構或法人治理結構），因此，搭建組織架構也包括：以股東為核心的股東會、以董事長為核心的董事會，以總經理為核心的經營管理層，以及由公司經營管理層分管的各職能部門等設定。

以董事會為核心的公司治理結構設計，其重點是解決股東、董事會、經理層三者之間的主要利益衝突及相應的決策與協調機制，以及責、權、利的制度安排。作為證券市場對上市公司的治理要求，已經有一套比較完善的理論系統，並且在法律上已有相應的規則要求，在此我們不再贅述。

對大多數企業，尤其是成長型企業來說，治理結構並非其重點，有效的組織結構、部門關鍵職能、明定職務及編制等才是關鍵。當然，隨著企業規模的越來越大，參照上市公司的要求建立以董事會為核心的治理機制，能夠幫助企業進行科學的決策，提升決策的品質。

組織結構圖。組織結構圖是組織結構的直觀呈現，結構本身需要解決的是企業領導職位及分管關係確立、各部門設定、各部門職位設定，以及各職位間的隸屬或平行關係設定。如何才能設計出有效的組織結構？

在進行組織設計之前，需要了解幾種常見的組織結構類型及其優缺點。通常來說，有以下四種典型的組織結構類型：直線型、職能型、事業部制、矩陣型，其中職能型類別中又可衍生出地理型、產品型等。上述組織類型的特點、優缺點早已被前人所總結，我就不作贅述。至於哪一種組織結構好或不好，無法一概而論，而是要看應用在什麼樣的企業，操盤手應自己去斟酌。

◆ **定編定人：在組織框架下，根據各部門的職能要求進行職務名稱的規範設置，並確立其職責。**

職位的設計，就是在確定組織框架下，根據各部門的職能要求進行職位名稱的規範設定，並確立其職責。

定編是在完成了職位設計之後，根據職位的工作量、空間分布等因素進行人員數量配置的過程。實際工作中，一個職位可能需要配置多人來共同完成，因此，很多職位需要配置一個以上的人員才能滿足工作要求。例如，基層的保全人員職位，小的公司可能需要五、六個人，而大公司則可能需要上百人。

企業操盤手按照上述四個步驟進行組織設計，讓企業的職位人員配置到位，似乎也就大功告成。實際上，還有兩項非常重要的工作未完成：一是確定實施新的組織方案後，必須要對員工進行完整地培訓和宣導；二是關鍵的人事安排要與當事人進行充分地溝通，並作出書面、正式的人事任命決定。聽起來似乎是情理之中必須要做的事，但很多企業操盤手就是遺漏了這「萬里長征的最後一公里」。

看似簡單的兩個動作，做與沒做，效果可能大不相同。

唯有改變，才能獲得新生

華為透過持續的組織改革提升管理系統。

2014年6月，華為為其過去20多年發展過程中在管理方面有卓越貢獻的人頒發了獎項。

1999年，華為引入IBM管理經驗，正式開始組織改革。當時，任正非提出了「先僵化、後優化、再固化」指導方針。所謂僵化就是讓流程先執行起來，優化是在執行的過程中理解和學習流程，在理解的基礎上持

頂層設計篇：站在頂層才能掌控大局

續優化，固化則是將流程例行化、程式化。在任正非的指導下，華為削足適履，終於可以完全制度化地推出滿足客戶需求的、有市場競爭力的成功產品。

1999 至 2005 年，華為開始整合供應鏈的改革。當時的華為因為供應鏈的問題，常常因供貨和出貨問題遭到投訴。所以，華為決定進行整合供應鏈的組織改革。在這方面，華為採取了 SCOR 模型，堅持套裝軟體驅動業務改革的策略，用一個統一的「ERP+APS」取代了幾十個零散的資訊系統，以客戶為中心建立了整合的全球供應網路，使公司在供應的品質、成本、客戶服務速度上都取得了根本性的改善，有效支援業務的全球發展，實現全球領先的核心競爭力。

2006 至 2012 年，華為開始進行財務組織改革，為此，華為建立了全球化的財經管理系統，將財務融入了業務系統，使公司加速現金流入，準確確認收入，專案損益可見和經營風險可控等方面亦取得了根本性的進步，讓公司業績可持續、可盈利地成長。華為的各級財務主管透過這項改革，也逐步成長為更值得信賴的夥伴。

接著，華為開始在選、用、留、育、管的人力資源管理系統進行改革，推行基於責任與貢獻的價值評價和價值分配機制，貫徹「以客戶為中心，以奮鬥者為本，長期堅持艱苦奮鬥」的核心價值觀，凝聚起 15 萬全球華為人共同奮鬥。

從 1999 年開始進行組織改革，透過持續的組織改革，華為如同浴火鳳凰，涅槃重生，研發、銷售、供應、通路、財務等各領域的營運能力和經營效率都大幅提升，成為最具國際化、最為成功的企業之一。

組織改革是系統改革的過程，也是推動管理提升、轉變管理形態的過程。

市場經濟中，企業的成長過程是一個不斷適應外部環境而調整自身經營要素的過程。所謂的調整也就是改革。「唯一不變的就是變」是企業競爭的基本法則。

企業的成長需要在不斷的改革中向前發展，企業的發展史實際上是一部改革史，改變使企業獲得新生，不變就意味著原地踏步、沒有前進。即使你保持不變，但別人前進了，你就是在退步。

網際網路時代，企業的競爭環境正發生根本性的變化，很多企業經過多年建立起來的傳統優勢在「一夜之間」不復存在。例如曾經的手機龍頭 Nokia，僅僅不到 5 年時間就被徹底打敗。即便是如今取得成功的華為，仍然清醒地認識到自身問題，堅持實施新一輪的管理改革。例如，華為操盤手郭平就明確提出：各大流程銜接的接合部分，依然是華為如今管理改革的重點，組織改革出現了「流程功能化、改革部門化」的明顯問題，使流程能力和效率的進一步提升受到制約。華為下一步組織改革的目標是提升一線組織的作戰能力。華為要圍繞此一目標展開跨功能、跨流程的整合改革。透過下一步的組織改革，華為要真正實現從客戶中來、到客戶中去，持續提高為客戶創造價值的能力，並確保公司管理系統能像蛇的骨骼一樣環環相扣、運轉靈活、支撐有力。

面對如此急遽變化的競爭環境，企業操盤手必須以改革的心態去適應變化，去擁抱變化，不斷自我成長。

組織改革也是推動管理提升、改變管理形態的過程。我們可以這麼理解：組織改革是企業為了實現更好的發展，提升組織效率的手段。

具體而言，企業操盤手透過系統謀劃並實施組織改革，推動組織管理轉型，例如透過組織架構的調整，以使組織運作功能更加符合其策略目標要求，進而使管理提升到一個新層次；再如，企業對公司各項關鍵業務流

程進行重新梳理、優化,並使各項業務依照更加合理的流程運作;再如,企業透過重新設計績效管理系統、薪酬系統,使之對員工更有激勵作用,進而激發員工的工作熱情,改變員工隊伍工作狀態,等等,透過一系列的管理改革,最終推動企業的管理轉型。當管理轉型處於有序、可控且能正面激發員工的工作積極性、創造性,內部士氣發生良性改變,並且企業更能適應外部競爭時,也就意味著企業的整體管理品質已大幅提升。

　　管理品質的提升最終將帶來企業管理效率的提升,而管理效率從財務角度而言是投入產出比的提高,例如人均產能、人均銷售額、每萬元薪資銷售收入額的提高等。組織改革與管理效率提升關係。如圖 10-17 所示。

組織改革 →推動→ 管理轉型 →推動→ 管理系統提升 →推動→ 管理效率提升

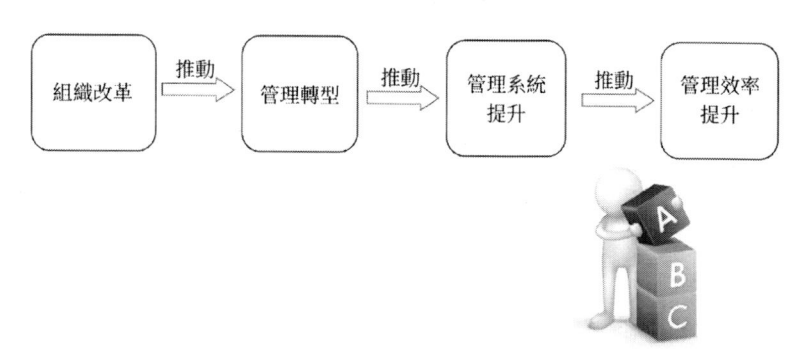

圖 10-17 組織改革與管理效率提升的關係

「破」與「立」——企業操盤手如何實施組織改革。

　　誠然,企業組織的「破」與「立」之間是有高風險的,很多時候,很可能打破了原來的秩序,新的秩序卻尚未建立,企業可能因此陷入更大的混亂。然而,如果組織的改革以穩健、周密的方式實施,那麼,改革成功的機率就大得多。

　　透過華為組織改革的過程,圍繞著頂層設計的核心內容,我總結出企業操盤手進行組織改革的「三階五步法」,幫助企業積極、妥善地推進組織改革,從而有效實現管理轉型,達到管理提升的目的。

第一階段：事前周密謀劃，制定詳細的改革方案，包括對問題的辨識、建立改革團隊和策劃改革方案三項基本工作。

實施一場完美的改革需要系統的謀劃。改革通常涉及諸多方面的工作，尤其是會牽涉一些人員的既得利益，假如企業操盤手事前沒有周密的策劃、部署，草率行事可能引發很大的混亂，導致諸多損失。

周密的改革謀劃至少應做三項工作：問題辨識、建立改革團隊、策劃改革方案。

一是問題辨識。企業操盤手展開改革的前提是意識到問題的存在，感覺到必須進行改變。企業操盤手如何意識到問題？我們認為可以從四大方面進行改革訊號的辨識，見表10-1。

表10-1 經營訊號透露改革需求

改革訊號	問題
財務訊號	1. 利潤總額不但沒有成長，而且還降低了 2. 銷售額成長幅度過低 3. 成本大幅增加
客戶訊號	1. 客戶數量沒有成長 2. 市場沒有擴大，反而萎縮 3. 與競爭對手差距越來越大
產品訊號	1. 沒有新產品 2. 產品庫存越來越嚴重 3. 客戶對產品品質抱怨越來越多
員工訊號	1. 管理團隊合作時間越來越長，工作激情越來越低 2. 員工對公司的經營問題視而不見 3. 核心員工不斷流失

當上述現象持續發生且情況日趨嚴重的時候，應該引起企業操盤手充分的重視，應視為企業要掀起改革的依據。比較危險的是，很多企業出現這些現象時，企業操盤手卻無動於衷，坐視問題出現而未做出調

整，最終發展成不可挽回的困境。

二是建立改革團隊。當企業操盤手意識到應進行改革時，必須建立合適的改革團隊，因為企業操盤手不可能自己把所有的改革謀劃工作全部做完，即便有能力，靠一個人的力量也很難有力推動。因此要實施改革，建立強而有力的改革團隊是必要的。

改革團隊成員應該是值得信任的高層管理人員，並視公司改革內容決定是否需要事先保密。當企業操盤手認為內部人員不足以形成有力的改革團隊時，可以考慮聘請外部顧問參與，以確保保持客觀、冷靜。當然，改革始終是企業內部的工作，主導力量還在內部的改革領導團隊。

三是策劃改革方案。改革方案屬於公司的商業機密，應予以高度的保密，因此改革方案的討論、擬訂應在獨立的環境下進行，在方案發表前只能在改革團隊小範圍內知曉，絕對不能擴散。

參與改革方案擬訂的人員範圍視改革內容而定，例如只是涉及組織架構、人力資源，那麼就只需人力資源部門負責人直接負責擬訂即可。如果涉及財務，假如財務部門的負責人不屬於被裁撤的範圍，那麼財務負責人則應該參與其中。總之，改革方案的擬訂參與人越少越好。但是如果是不涉及公司重大的人員調整，不牽涉人員的重大利益的改革，那麼反倒是在改革方案擬訂時擴大參與人員範圍，更有利於方案的可行性。

第二階段的任務包括在內部激發員工的危機感或改革的緊迫感、展開有效的改革溝通，實施具體的改革行動。

當改革團隊完成了改革方案的擬訂後，接下來企業操盤手要考慮的就是如何具體實施。改革始於個體的變化，改革管理也應始於個體；有效的改革管理能使改革很快地由個體擴展到整個組織。實施改革應獲得廣大員工的理解，尤其是中高階主管的認同。唯有員工充分理解，才能

更有力的施行。企業操盤手可以參考以下方法：

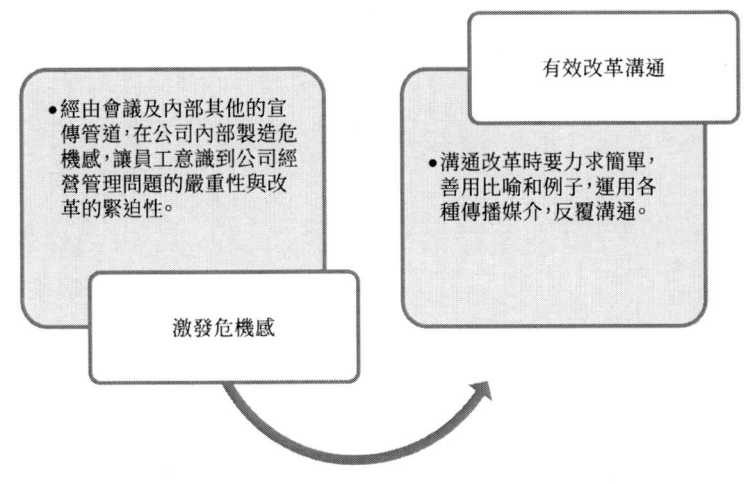

- 經由會議及內部其他的宣傳管道，在公司內部製造危機感，讓員工意識到公司經營管理問題的嚴重性與改革的緊迫性。

激發危機感

- 溝通改革時要力求簡單，善用比喻和例子，運用各種傳播媒介，反覆溝通。

有效改革溝通

圖 10-18 改革方案得到員工認同的方式

　　改革實施就是將方案予以公布，並按改革方案確立新目標，調整組織架構與人員，實施新的激勵機制，展開相關業務流程優化等工作。在這個過程中，企業操盤手的參與是重中之重。假如改革的實施僅僅改變了流程、制度，員工以及關鍵主管的態度、行為乃至能力卻沒有跟上，那麼改革最終會流於形式。

　　第三階段的任務是評估改革行動的短期成果、優化下一步的行動。

　　任何改革都應首先追求短期成果的產出，短期成果可以是員工對目標的清晰理解與共識達成，可以是士氣的轉變，可以是客戶滿意度的提高，也可以是立竿見影的成本費用節約。

　　改革是一個艱難的過程，企業操盤手必須對改革的流程進行有效監控，定期評估公司所發生的變化或者出現的新動態。在實施改革過程中應不斷地與各利益相關者溝通，在溝通中發現問題，解決問題。對阻力特別大的部門和人員更應加強溝通的頻率和強度。

謀局者，企業操盤手的全局觀與策略突破：
建立雙贏的合作關係！從全局到細節全面取勝，打造競爭優勢

作　　　者：	蔡余杰
發 行 人：	黃振庭
出 版 者：	財經錢線文化事業有限公司
發 行 者：	財經錢線文化事業有限公司
E - m a i l：	sonbookservice@gmail.com
粉 絲 頁：	https://www.facebook.com/sonbookss/
網　　　址：	https://sonbook.net/
地　　　址：	台北市中正區重慶南路一段61號8樓 8F., No.61, Sec. 1, Chongqing S. Rd., Zhongzheng Dist., Taipei City 100, Taiwan
電　　　話：	(02)2370-3310
傳　　　真：	(02)2388-1990
印　　　刷：	京峯數位服務有限公司
律師顧問：	廣華律師事務所 張珮琦律師

-版權聲明-

本書版權為文海容舟文化藝術有限公司所有授權崧博出版事業有限公司獨家發行電子書及繁體書繁體字版。若有其他相關權利及授權需求請與本公司聯繫。

未經書面許可，不得複製、發行。

定　　價：375 元
發行日期：2024 年 09 月第一版
◎本書以 POD 印製
Design Assets from Freepik.com

國家圖書館出版品預行編目資料

謀局者，企業操盤手的全局觀與策略突破：建立雙贏的合作關係！從全局到細節全面取勝，打造競爭優勢 / 蔡余杰 著 . -- 第一版 . -- 臺北市：財經錢線文化事業有限公司，2024.09
面；　公分
POD 版
ISBN 978-957-680-989-7(平裝)
1.CST: 企業經營 2.CST: 企業管理
494　　　113012841

電子書購買

爽讀 APP　　　臉書